四川省省级科普经费资助

农业科普系列丛书

四川省科学技术协会
四川省农村专业技术协会 组织编写

池塘科学养鱼

实用技术

CHITANG KEXUE YANGYU
SHIYONG JISHU

周 剑 / 主编

U0321698

四川科学技术出版社

·成都·

图书在版编目(CIP)数据

池塘科学养鱼实用技术/周剑主编.一成都:四川科学技术
出版社,2017.10(2019.12重印)

(农业科普系列丛书)

ISBN 978-7-5364-8823-6

Ⅰ.①池… Ⅱ.①周… Ⅲ.①池塘养鱼
Ⅳ.①S964.3

中国版本图书馆 CIP 数据核字(2017)第 265050 号

农业科普系列丛书

池塘科学养鱼实用技术

主　　编　周　剑
出 品 人　钱丹凝
责任编辑　刘涌泉
封面设计　墨创文化
责任出版　欧晓春
出版发行　四川科学技术出版社
　　　　　成都市槐树街 2 号　邮政编码 610031
　　　　　官方微博:http://e. weibo. com/sckjcbs
　　　　　官方微信公众号:sckjcbs
　　　　　传真:028-87734039
成品尺寸　146mm×210mm
　　　　　印张 6.5　字数 140 千　插页 2
印　　刷　四川省南方印务有限公司
版　　次　2017 年 11 月第一版
印　　次　2019 年 12 月第六次印刷
定　　价　26.00 元
ISBN 978-7-5364-8823-6

序

　　加快农村科学技术的普及推广是提高农民科学素养、推进社会主义新农村建设的一项重要任务。近年来，四川省农村科普工作虽然取得了一定的成效，但目前农村劳动力所具有的现代农业生产技能与生产实际的要求还不相适应。因此，培养有文化、懂技术、会经营的新型农民仍然是实现农业现代化，建设文明富裕新农村的一项重要的基础性工作。

　　为深入贯彻落实《全民科学素质行动计划纲要(2006—2010—2020年)》，切实配合农民科学素质提升行动，大力提高全省广大农民的科技文化素质，四川省科学技术协会和四川省农村专业技术协会组织编写了这套《农业科普系列丛书》。

该系列丛书密切结合四川实际，紧紧围绕农村主导产业和特色产业选材，包含现代农村种植业、养殖业等方面的内容。选编内容通俗易懂，可供农业技术推广机构、各类农村实用技术培训机构、各级农村专业技术协会及广大农村从业人员阅读使用。

本系列丛书的编写得到了四川省老科学技术工作者协会的大力支持，在此表示诚挚的谢意！由于时间有限，书中难免有错漏之处，欢迎广大读者在使用中批评指正。

《农业科普系列丛书》编委会

前　言

　　池塘养鱼在我国具有悠久的历史，养殖人员经验十分丰富。目前，我国池塘养殖面积约占水产养殖总面积的45%，是我国水产养殖业的重要组成部分。在长期的生产实践过程中，我国劳动人民创造了一套相当完整的先进养鱼方法，积累了丰富的实践经验。20世纪50年代末，我国水产科技工作者对这些历史经验进行整理，总结为"水、种、饵、密、混、轮、防、管"的八字精养法，为我国淡水养殖业的发展奠定了良好的基础。20世纪80年代初，雷慧僧等编著的《池塘养鱼学》，对我国池塘养鱼的基础理论进行了系统的介绍，促进了近30年来我国池塘养鱼业的飞速发展。2011年，李家乐等结合近年来池塘养鱼技术的发展现状，又重新编著了《池塘养鱼学》一书，着重反映了我国池塘养鱼技术具有先进水平的科技成果以及在国际上的重要地位，并注重反映本学科在国内外研究的进展及动向，是目前我国池塘养鱼学基础理论和技术介绍较为全面的一部专著。但同时我们也注意到，目前的专著侧重于基础理论和高新技术方面的介绍，对池塘养鱼的实用技术方面介绍甚少。为此，在本书编写过程中，力求系统地总结有关池塘养鱼新的经验和新的实用技术，以更好地指导生产实践，适应培养渔业科技人才的迫切需要和生产实践的需要。

本书从池塘养鱼实用配套技术需要的实际出发，系统介绍了养殖池塘规划设计、环境条件改良、常用设备安装和使用、养殖鱼类选择、主要养殖鱼类的人工繁殖技术，鱼苗、鱼种及成鱼的饲养、饲料、越冬和鱼病防治等实用技术，以及活鱼运输等相关技术，力求理论与实践密切结合，尽量体现科学性、实用性和先进性。

本书可作为广大水产养殖工作者的技术手册，亦可供从事水产养殖技术开发的科研人员、渔政人员、水产技术推广人员等参考使用，还可作为水产养殖专业本、专科生及职业技术学院学生的辅助教材和参考书。

本书在编写过程中，得到了四川省科学技术协会、四川省农业科学院水产研究所等单位和个人的热情支持和大力帮助，在此表示衷心的感谢！

由于编写人员水平有限，时间仓促，书中难免存在缺点和错误，希望读者提出批评和指正。

目 录

第一章 池塘规划设计

一、目标定位

遍及我国水产养殖主产区的大规模池塘设施建设工程，涉及渔业生产、渔民增收和区域生态环境等多个方面。不同养殖生产方式、区域经济发展模式，以及社会可持续发展的要求，对池塘规划设计提出了价值多元的目标定位。改善池塘水质、提高生产效率是池塘建设的基本要求，也有些是出于整体考虑，如工厂化繁育、设施养殖与池塘养殖有效配置，养殖系统节水减排等；有些是功能兼顾，如渔—农复合、渔—光一体、休闲渔业、区域环境与生态修复等；还有一些是考虑长远发展，如现代技术与发展理念的融合与示范等。在具体的建设与改造工程中，需要根据实际需求整体考虑。

（一）基本定位

根据"健康养殖、高效生产、资源节约、环境友好"的现代渔业发展要求，从生产实际、产业需求和社会可持续发展要求出发，依靠政策扶持、科技支撑和规范化建设，推进养殖池塘工程建设。

池塘工程建设需要明确有关的基本事项：

1. 主养品种与养殖方式

养殖池塘的建设与改造工程需要依据养殖产品的市场价值、工程所在地的环境条件、现有的生产力水平等来确定。市场是决定性因素，养殖产品的价格具有波动性，其中的效益与风险要慎重考虑。气候条件决定了养殖场的水质条件，对养殖品种适宜生长水温及范围具有决定作用。生产者技术与经验的积累以及资本投入能力，决定了养殖过程苗种的投放、集约化程度和管理方式。

2. 基本功能

规模化养殖场可以融合多种功能，应当根据区域发展规划和农业生产需求预先确定。不同的功能定位及其相互间的关系，对养殖场的布局、设施系统构建、设施配备等有直接的影响。养殖场的功能一般分为生产功能、兼业功能、复合功能和休闲生态功能四种。生产功能主要有池塘养殖（包括鱼类、虾蟹类养殖等）、设施化养殖，通过构建保温大棚和良好的排污系统，延长养殖周期，提高集约化程度。工厂化养殖摆脱了气候条件的限制，开展苗种繁育与名优品种集约化养殖。兼业功能包括共生性栽培水生蔬菜、花卉等。复合功能指养殖系统与农业水田种植、旱田灌溉复合。休闲生态功能包括垂钓、农家乐、度假村等。

3. 水源条件与环境要求

优良的水质和充沛的水源是养殖场构建的基本前提。水源水质应符合水产养殖用水的相关标准，全年各时期可供水量需要评估，水源水质与可供水量决定了养殖系统的规模及基本的生产方式。需要评估区域生态环境管理对养殖生产用水、排水的政策与相应的规费，如水资源占用、养殖废水排放等费用。

4. 组织化程度

养殖生产的组织化程度与养殖场构建的养殖生产方式、

功能区划、设施与设备配置、水系及物流通道构建密切相关。组织化程度越高，养殖系统运行效率也越高。集中养殖环境监控、饲料投喂、机械化生产、信息化管理、养殖废水处理等要素在管理中将发挥显著作用。现代化水产养殖要达到"高效、安全、生态"的建设目标，实现规模化生产与规范化管理极为重要。建设养殖场，应预先确定开展养殖生产的组织方式，推进建立养殖合作社甚至专业化企业。

（二）基本功能

养殖池塘是模拟自然水体中水生生物生长条件，以养殖品种为对象，进行人工构筑已达到集约化生产目的的设施工程。水产养殖池塘养殖工程建设应满足养殖池塘的七大主要功能。

1. 蓄水功能

水是水生生物生存的基本条件，人工开挖的养殖池塘需要足够的蓄水能力，以提供相对稳定的养殖水体。影响池塘设施蓄水效果的主要因素有：水源、池塘构筑体渗水、水面蒸发和周边地表水落差等。

2. 隔离功能

隔离是生产系统与自然环境的边界，为集约化养殖环境提供基本条件。有效的隔离可以保证稳定的养殖环境，防止养殖品种逃逸、有害物质进入、疾病传染和敌对生物入侵。塘埂是养殖池塘主要的隔离体，在其之上还可设置围隔等。

3. 净化功能

养殖品种对饲料等外源性营养物质的吸收能力有限，

约70%的氮和60%的磷富集于池塘中，污染水质。养殖池塘的净化作用主要体现在：在好氧环境下，池塘生态系统中的分解者——微生物，分解养殖排泄物、残饵等有机质。池塘底泥作为氮、磷等营养物质的"汇"，可以矿化沉淀的有机质。池塘底层的好氧条件，能控制底泥向水体释放硫酸盐，而不是有害的硫化氢。水体中藻类的光合作用，可以吸收氨氮、磷酸盐等营养物质。在富氧和高碳氮比（C/N＞15）条件下，嗜氧细菌可以将有机质直接转化，形成可用作饵料的生物絮团。

4. 增氧功能

在养殖池塘中，养殖对象、微生物、藻类等是氧的主要需求者，保持池塘净化功能的必要条件是氧环境。养殖池塘的增氧功能分为自然能增氧与机械能增氧。利用藻类的光合作用产生溶解氧是养殖池塘自然能增氧的主要形式，利用风力促进上下层水体的流动，增强空气与水面的接触及氧的传递，也具有明显的增氧效果。各种类型的增氧机利用机械能增加水与空气的接触面积，从而达到增氧的效果，是集约化养殖池塘的标配设备。养殖池塘白昼的氧输入依靠自然能增氧，在阴雨天或者高密度精养池塘，增氧机的作用更加重要，夜间增氧则完全依赖增氧机。

5. 营养功能

养殖池塘利用光照促进浮游生物生长并作为生物饵料，以提高碳、氮、磷等外源营养物质的利用效果与效率。在鲤科鱼类的鱼种养殖与成鱼混养模式中，池塘的营养功能尤为重要。影响养殖池塘营养功能的主要因素是水中的碳、氮、磷等营养物质的量与比例以及池塘水体的受光程度，包括光照面积，光照度、水体透光度等。下层水体参与光合作用的程度以及池塘底泥对营养物质的吸收与释放，对池塘的营养功能有着直接的影响。

6. 换水功能

控制池塘水质需要采取部分换水的方法，一般每次换水 5% ~ 10%，同时还需补充由于蒸发与渗漏损失的水量。换水时池塘需要排水，收获时更需要将水排空。养殖池塘需要有充足的水源、合适的进排水设施或装置，以及对水源和环境无影响的废水排放净化设置。在水资源有限、水域环境劣化、养殖排放受限的情况下，养殖池塘的换水更要注重其内在的科学性与外在的合理性。

7. 作业功能

围绕着养殖生产的各个环节，池塘需要配置便于生产的池埂、便于货物流通的道路、便于操控的养殖设备（增氧机、投饲机、水泵等）以及能监控水质与养殖环境，设施精准管理的系统化、信息化装置。围绕生产作业与管理，还需配套必备的库房、泵房、配电房、实验室和办公室等。

（三）主要模式

根据水产养殖场的规划目的、要求、规模、生产特点、投资大小、管理水平以及地区经济发展水平等，养殖池塘工程建设可分为经济型池塘养殖模式、标准化池塘养殖模式、生态节水型池塘养殖模式、循环水池塘养殖模式等四种类型。具体应用时，可以根据养殖场具体情况，因地制宜，在满足养殖规范规程和相关标准的基础上，对相关模式具体内容作适度调整。

1. 经济型池塘养殖模式

经济型池塘养殖模式是指具备符合无公害养殖要求设

施设备条件的池塘养殖模式，具有"经济、灵活"的特点。经济型池塘养殖模式是目前池塘养殖生产所必须达到的基本模式要求。须满足以下要求：养殖场有独立的进排水系统，池塘符合生产要求，水源水质符合《无公害食品　淡水养殖用水水质（NY5051）》养殖场有保障正常生产运行的水电、通讯、道路、办公值班等基础条件，养殖场配备生产所需要的增氧、投饲、运输等设备，养殖生产管理符合无公害水产品生产要求等。经济型池塘养殖模式适合于规模较小的水产养殖场，或经济欠发达地区的池塘改造建设和管理需要。

2. 标准化池塘养殖模式

标准化池塘养殖模式是根据国家或地方制定的"池塘标准化建设规范"进行改造建设的池塘养殖模式，其特点为"系统完备、设施设备配套齐全，管理规范"。标准化池塘养殖场应包括标准化的池塘、道路、供水、供电、办公等基础设施，还有配套完备的生产设备，养殖用水要达到《渔业水质标准（GB11607）》，养殖排放水达到《淡水池塘养殖水排放要求（SC/T9101）》。标准化池塘养殖模式应有规范化的管理方式，有苗种、饲料、肥料、鱼药、化学品等养殖投入品管理制度，以及养殖技术、计划、人员、设备设施、质量销售等生产管理制度。

标准化池塘养殖模式是目前集约化池塘养殖推行的模式，适合大型水产养殖场的改造建设。

3. 生态节水型池塘养殖模式

生态节水型池塘养殖模式是在标准化池塘养殖模式基础上，利用养殖场及周边的沟渠、稻田、藕池等对养殖排放水进行处理排放或回用的池塘养殖模式，具有"节水再用，达标排放，设施标准，管理规范"的特点。养殖场一般有比较大的排水渠道，可以通过改造建设生态渠道对养殖排放水进行处理；闲置的农田可以改造成生态塘，用于养殖源水和排放水的净化处理；对于养殖场周边排灌方便的稻田、藕田，可以通过进排水系统改造，作为养殖排放水的处理区，甚至可以以此构建有机农作物的耕作区。

生态节水型池塘养殖模式的生态化处理区要有一定的面积比例，一般应根据养殖特点和养殖场的条件，设计建造生态化水处理设施。

4. 循环水池塘养殖模式

循环水池塘养殖模式是一种复合型的池塘养殖模式，它具有标准化的设施设备条件，并通过人工湿地、高效生物净化塘、水处理设施设备等对养殖排放水进行处理后循环使用。循环水池塘养殖系统一般由池塘、渠道、水处理系统、动力设备等组成。

循环水池塘养殖模式的鱼池进排水有多种形式，比较常见的为串联形式（如图1-1所示），也有采用进排水并联结构（如图1-2所示）。池塘串联进排水的优点是水流量大，有利于水层交换，可以形成梯级养殖，充分利用食物资源；缺点是池塘间水质差异大，容易引起病害交叉感染。池塘串联进排水结构的过水管道在多个池塘间呈"之"字形排列，相邻池塘过水管的进水端位于水体上层，出水端位于池塘底部，有利于池塘间上下水层交换。

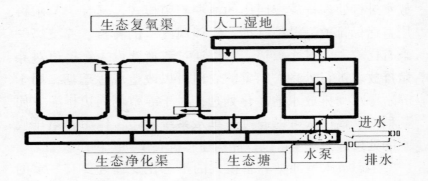

图1-1　串联循环水池塘养殖形式

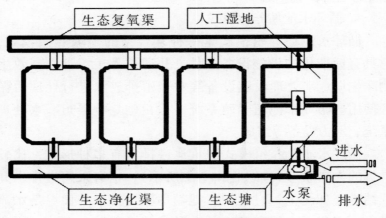

图1-2　并联循环水池塘养殖形式

　　循环水池塘养殖模式的水处理设施一般为人工湿地或生物净化塘。人工湿地有潜流湿地和表面流湿地等形式。潜流湿地以基料（砾石或卵石）与植物构成，水从基料缝隙及植物根系中流过，具有较好的水处理效果，但建设成本较高，主要取决于当地获得砾石的成本。在平原地区，潜流湿地的造价偏高，但在山区，砾石（或卵石）的成本就低得很多；表面流湿地如同水稻田，让水流从挺水性植物丛中流过，以达到净化的目的，其建设成本低，但占地面积较大。目前，一般采取潜流湿地和表面流湿地相结合的方法。植物选择也很重要，并需要专门的运行管理与维护。在处理养殖排放水方面，循环水池塘养殖模式的人工湿地或生物氧化塘一般通过生态渠道与池塘相连。生态渠道有多种构建形式，其水体净化效果也不相。目前，一般是利用回水渠道通过布置水生植物、放置滤食或杂食性动物构建而成，也有通过安装生物刷、人工水草等生物净化装置以及安装物理过滤设备等进行构建的。人工湿地在循环系统内所占的比例取决于养殖方式、养殖排放水量、湿地结构等因素，湿地面积一般为养殖水面的 10% ~ 20%。

池塘循环水养殖模式具有设施化的系统配置设计，并有相应的管理规程，是一种"节水、安全、高效"的养殖模式，具有"循环用水，配套优化，管理规范，环境优美"的特点。

二、池塘工程设施规范

（一）池塘选址

鱼塘是养鱼的场所和基地，应有利于满足鱼类正常生活、生长、发育、繁殖各阶段的需要，有利于生产管理、综合利用、提高工作效率和经济效益。因此，在实际维护或建造中，应坚持慎重选址、科学设计、严格施工的原则，使新建鱼塘或改造的山塘、滩涂、小水库等能为鱼类提供良好的生态环境，为增产增收奠定基础。养鱼场在选址上必须考虑规划要求、自然条件、水源、水质、土质、交通条件以及饲料、肥料来源等因素，具体应把握规划要求，自然条件等五个方面。

1. 规划要求

新建、改建池塘养殖场必须符合当地的规划发展要求，养殖场的规模和形式要符合当地社会、经济、环境等发展的需要。

2. 自然条件

新建、改建池塘养殖场要充分考虑当地的水文、水质、气候等因素，并选择适宜的养殖品种和养殖方式。当地的自然条件决定养殖场的建设规模、建设标准。

在规划设计养殖场时，要充分勘查了解规划建设区的地形、水利等条件，有条件的地区可以充分考虑利用地势自流进排水，以节约动力提水所增加的电力成本。规划建设养殖场时还应考虑洪涝、台风等自然灾害因素的影响，在设计养殖场进排水渠道、池塘塘埂、房屋等建筑物时应注意考虑排涝、防风等问题。

北方地区在规划建设水产养殖场时，需要考虑寒冷、冰雪等对养殖设施的破坏，在建设渠道、护坡、路基等应考虑防寒措施。

南方地区在规划建设养殖场时，要考虑夏季高温气候对养殖设施的影响。

3. 水源、水质条件

新建池塘养殖场要充分考虑养殖用水的水源、水质条件。水源分为地面水源和地下水源，无论是采用那种水源，一般应选择在水量丰足，水质良好的地区建场。水产养殖场的规模和养殖品种要结合水源情况来决定。采用河水或水库水作为养殖水源，要考虑设置防止野生鱼类进入的设施，以及周边水环境污染可能带来的影响。使用地下水作为水源时，要考供水量是否满足养殖需求，一般要求在 10 天左右能够把池塘注满。

选择养殖水源时，还应考虑工程施工等方面的问题。若利用河流作为水源时需要考虑是否筑坝拦水，若利用山溪水流时要考虑是否建造沉沙排淤等设施。水产养殖场的取水口应建到上游部位，排水口建在下游部位，防止养殖场排放水流入进水口。水质对于养殖生产影响很大，养殖用水的水质必须符合《渔业水质标准（GB11607 - 89)》规定。对于部分指标或阶段性指标不符合规定的养殖水源，应考虑建设源水处理设施，并计算相应设施设备的建设和运行成本。

4. 土壤、土质

在规划建设养殖场时，要充分调查了解当地的土壤、土质状况，不同的土壤和土质对养殖场的建设成本和养殖效果影响很大。

池塘土壤要求保水力强，最好选择黏质土或壤土、沙壤土的场地建设池塘，这些土壤建塘不易透水渗漏，筑基后也不易坍塌。

沙质土或含腐殖质较多的土壤，保水性差，做池埂时容易渗漏、崩塌，不宜建塘。含铁质过多的赤褐色土壤，浸水后会不断释放出赤色浸出物，对鱼类生长不利，也不适宜建设池塘。pH 值低于 5 或高于 9.5 的土壤不适宜挖塘。表 1 - 1 所列为土壤的基本分类。

表 1-1　池塘建设土质基本分类

土质名称	黏土含量（%）	含沙量（%）	保水力（%）	透气性
壤土	25.0~37.5	62.5~75.0	60.1	适中
黏土	—	—	50.0	最小
沙土	12.5 以下	87.5 以上	45.4	最大

5. 电力、交通、通信

水产养殖场需要有良好的道路、交通、电力、通信、供水等基础条件。新建、改建养殖场最好选择在"三通一平"的地方建场，如果不具备以上基础条件，应考虑这些基础条件的建设成本，避免因基础条件不足影响到养殖场的生产发展。

（二）布局

1. 场地布局

水产养殖场应本着"以渔为主、合理利用"的原则来规划和布局，养殖场的规划建设即要考虑近期需要，又要考虑到今后发展。

2. 基本原则

水产养殖场的规划建设应遵循以下原则：

（1）合理布局：根据养殖场规划要求合理安排各功能区，做到布局协调、结构合理，既满足生产管理需要，又适合长期发展需要。

（2）利用地形结构：充分利用地形结构规划建设养殖设施，做到节省动力提水的电力成本，实现节能降本。

（3）就地取材，因地制宜：在养殖场设计建设中，要优先考虑选用当地建材，做到取材方便、经济可靠。

（4）搞好土地和水面规划：养殖场规划建设要充分考

虑养殖场土地的综合利用问题，利用好沟渠、塘埂等土地资源，实现养殖生产的循环发展。

3. 布局形式

养殖场的布局结构，一般分为池塘养殖区、办公生活区、水处理区等。图 1-3 所示为一种水产养殖场的布局方式。

养殖场的池塘布局一般由场地地形所决定，狭长形场地内的池塘排列一般为"非"字形。地势平坦场区的池塘排列一般采用"围"字形布局。

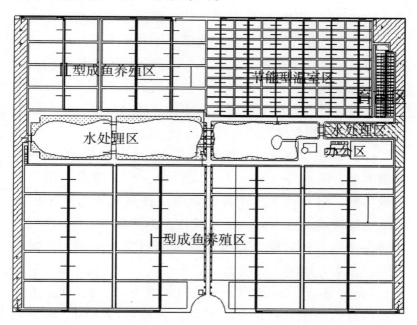

图 1-3　一种水产养殖场场地布局示意图

（三）养殖设施

1. 池塘规划、设计

（1）池塘类型：池塘是养殖场的主体部分，按照养殖功能分，有亲鱼池、鱼苗池、鱼种池和成鱼池等。池塘面积一般占养殖场面积的65%～75%。各类池塘所占的比例一般按照养殖模式、养殖特点、品种等来确定。

（2）形状、朝向：池塘形状主要取决于地形、品种等要求，一般为长方形，也有圆形、正方形、多角形的池塘。长方形池塘的长、宽比一般为（2～4）:1。长、宽比大的池塘水流状态较好，管理操作方便；长、宽比小的池塘，池内水流状态较差，存在较大死角和死区，不利于养殖生产。池塘的朝向应结合场地的地形、水文、风向等因素，尽量使池面充分接受阳光照射，满足水中天然饵料的生长需要。池塘朝向也要考虑是否有利于风力搅动水面，增加溶氧。在山区建造养殖场，应根据地形选择背山向阳的位置。

（3）面积、深度：池塘的面积取决于养殖模式、品种、池塘类型、结构等（如表1－2所示）。面积较大的池塘建设成本低，但不利于生产操作，进、排水也不方便；面积较小的池塘建设成本高，便于操作，但水面小，风力增氧、水层交换差。大宗鱼类养殖池塘按养殖功能不同，其面积不同。在南方地区，成鱼池一般5～15亩（1亩＝667平方米），鱼种池一般2～5亩，鱼苗池一般1～2亩；在北方地区养鱼池的面积有所增加。另外，养殖品种不同，池塘的面积也不同，淡水虾、蟹养殖池塘的面积一般在10～30亩之间，太小的池塘不符合虾、蟹的生活习性，也不利于水质管理。特色品种的池塘面积一般应根据品种的生活特性和生产操作需要确定。池塘水深是指池底至水面的垂直距离，池深是指池底至池堤顶的垂直距离。养鱼池塘有效水深不低于 1.5 米，一般成鱼池的深度在 2.5~3.0 米，鱼种池在 2.0~2.5 米；虾、蟹池塘的水深一般在 1.5~2.0 米。北方越冬池塘的水深应达到 2.5 米以上。池埂顶面一般要高出池中水面 0.5 米左右。水源季节性变化较大的地区，在设计建造池塘时应适当考虑加深池塘，维持水源缺水时池塘有足够水量。深水池塘一般是指水深超过 3.0 米以上的池塘，深水池塘可以增加单位面积的产量，节约土地，但需要解决水层交换、增氧等问题。

表 1-2　鱼塘标准参考

鱼塘类型	面积（亩）	保水深（米）	长、宽比	备注
鱼苗塘	1.5~2.0	1.5~2.0	2:1~3:1	兼做鱼种塘
鱼种塘	2.0~5.0	2.0~2.5	2:1~3:1	兼做鱼种塘
成鱼塘	7.0~15.0	2.5~3.0	2:1~4:1	可留宽埂
亲鱼塘	3.0~4.0	2.3~3.0	2:1~3:1	应靠近产卵池
越冬塘	5.0~10.0	约3	2:1~3:1	近水源

（4）池埂：池埂是池塘的轮廓基础，池埂结构对于维持池塘的形状、方便生产，以及提高养殖效果等有很大的影响。池塘塘埂一般用匀质土筑成，埂顶的宽度应满足拉网、交通等需要，一般在 1.5~4.5 米间。池埂的坡度大小取决于池塘土质、池深、护坡与否和养殖方式等。一般池塘的坡比为 1:(1.5~3)，若池塘的土质是重壤土或黏土，可根据土质状况及护坡工艺适当调整坡比；池塘较浅时坡比可以为 1:(1~1.5)（如图 1-4 所示）。

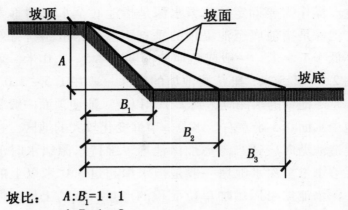

坡比：　$A:B_1=1:1$
　　　　$A:B_2=1:2$
　　　　$A:B_3=1:3$

图 1-4　坡比示意图

（5）护坡：护坡具有保护池形结构和塘埂的作用，但也会影响到池塘的自净能力。一般根据池塘条件不同，池塘、进排水等易受水流冲击的部位应采取护坡措施。常用的护坡材料有水泥预制板、混凝土、防渗膜等。采用水泥预制板、混凝土护坡的厚度应不低于 5 厘米，防渗膜或石砌坝应铺设到池底。

①水泥预制板护坡：水泥预制板护坡是一种常见的池塘护坡方式，护坡水泥预制板的厚度一般为 5～15 厘米，长度根据护坡断面的长度决定。较薄的预制板一般为实心结构，5 厘米以上的预制板一般采用楼板方式制作。水泥预制板护坡需要在池底下部 30 厘米左右建一条混凝土圈梁，以固定水泥预制板，顶部要用混凝土砌一条宽 40 厘米左右的护坡压顶（如图 1-5 所示）。

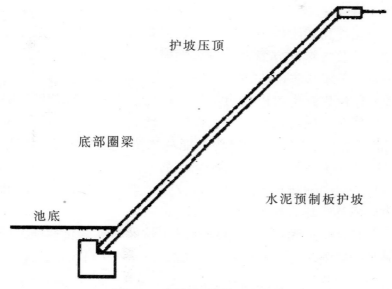

图1-5　水泥预制板护坡示意图

水泥预制板护坡的优点是施工简单，整齐美观，经久耐用；缺点是破坏了池塘的自净能力。一些地方采取水泥预制板植入式护坡，即水泥预制板护坡建好后把池塘底部的土翻盖在水泥预制板上面。这种护坡方式即有利于池塘固形，又有利于维持池塘的自净能力。

②混凝土护坡：混凝土护坡是用混凝土现浇护坡的方式，具有施工质量高、防裂性能好的特点。采用混凝土护坡时，需要对塘埂坡面基础进行整平、夯实处理。混凝土现浇护坡一般用素混凝土，也有用钢筋混凝土形式。混凝土护坡的坡面厚度一般为5~8厘米。无论用哪种混凝土方式护坡都需要在一定距离设置伸缩缝，以防止水泥膨胀。

③地膜护坡：一般采用高密度聚乙烯（HDPE）塑料地

膜或复合土工膜护坡。HDPE 膜具抗拉伸、抗冲击、抗撕裂、强度高和耐静水压高的特点，在耐酸碱腐蚀、抗微生物侵蚀及防渗滤方面也有较好性能，且表面光滑，有利于消毒、清淤和防止底部病原体的传播。HDPE 膜护坡既可覆盖整个池底，也可以周边护坡。复合土工膜进行护坡具有施工简单，质量可靠，节省投资的优点。复合土工膜属非孔隙介质，具有良好的防渗性能和抗拉、抗撕裂、抗顶破、抗穿刺等力学性能，还具有一定的变形性，对坡面的凹凸具有一定的适应能力，应变力较强，与土体接触面上的孔隙压力及浮托力易于消散，能满足护坡结构的力学设计要求。复合土工膜还具有很好的耐化学性和抗老化性能，可满足护坡耐久性要求。图 1-6 所示为一种塑料膜护坡方式。

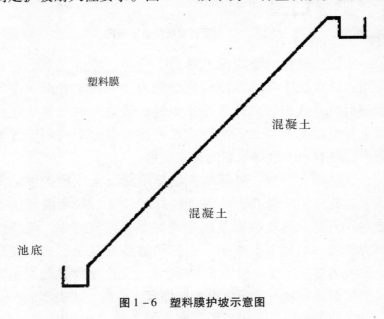

图 1-6　塑料膜护坡示意图

④砖石护坡：浆砌片石护坡具有护坡坚固、耐用的优点，但施工复杂，砌筑用的片石石质要求坚硬，片石用作镶面石和角隅石时还需要加工处理。浆砌片石护坡一般用坐浆法砌筑，要求放线准确，砌筑曲面做到曲面圆滑，不能砌成折线面相连。片石间要用水泥勾缝成凹缝状，勾出的缝面要平整光滑、密实，施工中要保证缝条的宽度一致，严格控制勾缝时间，不得在低温下进行，勾缝后加强养护，防止局部脱落。

（6）池底：池塘底部要平坦。为了方便池塘排水、水体交换和捕鱼，池底应有相应的坡度，并开挖相应的排水沟和集池坑。池塘底部的坡度一般为1:（200~500）。在池塘宽度方向，应使两侧向池中心倾斜。面积较大且长宽比较小的池塘，底部应建设主沟和支沟组成的排水沟（如图1-7所示）。主沟最小纵向坡度为1:1 000，支沟最小纵向坡度为

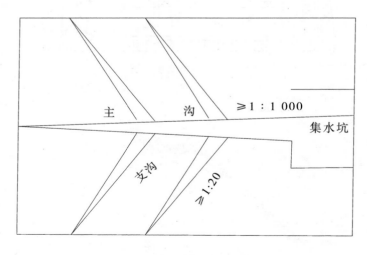

图1-7　池底沟、坑示意图

1:200。相邻的支沟相距一般为 10～50 米，主沟宽一般为
0.5～1.0 米，深 0.3～0.8 米。

　　面积较大的池塘可按照回形鱼池建设，池塘底部建设
有台地和沟槽（如图 1－8 所示）。台地及沟槽应平整，台
面应倾斜于沟，坡降为 1：(1 000～2 000)，沟、台面积比一
般为 1：(4～5)，沟深一般为 0.2～0.5 米。在较大的长方形
池塘内坡上，为了投饵和拉网方便，一般应修建一条宽度
约 0.5 米平台（如图 1－9 所示），平台应高出水面。

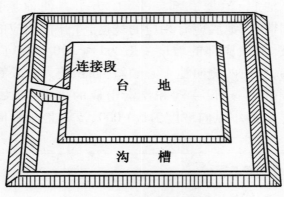

图 1－8　回形鱼池示意图

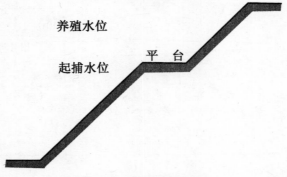

图 1－9　鱼池平台示意图

（7）进、排水设施

①进水闸门、管道：池塘进水一般是通过分水闸门控制水流通过输水管道进入池塘。分水闸门一般为凹槽插板的方式（如图1－10所示），很多地方采用预埋PVC弯头拔管方式控制池塘进水（如图1－11所示），这种方式防渗漏性能好，操作简单。

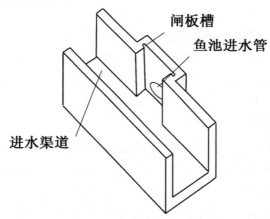

图1－10 插板式进水闸门示意

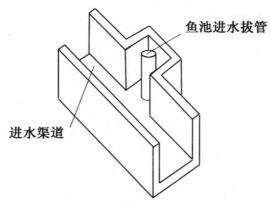

图1－11 拔管式进水闸门示意

进、排水系统由水源、进水口、各类渠道、水闸、集水池、分水口、排水沟等部分组成。要使进、排水渠道畅通，鱼池进水与排水应设斜对处。

池塘进水管道一般用水泥预制管或 PVC 波纹管，较小的池塘也可以用 PVC 管或陶瓷管。池塘进水管的长度应根据护坡情况和养殖特点决定，一般在 0.5～3 米间。进水管太短，容易冲蚀塘埂；进水管太长，又不利于生产操作和成本控制。池塘进水管的底部一般应与进水渠道底部平齐，渠道底部较高或池塘较低时，进水管可以低于进水渠道底部。进水管中心高度应高于池塘水面，以不超过池塘最高水位为好。进水管末端应安装口袋网，防止池塘鱼类进入水管和杂物进入池塘。

②排水井、闸门：每个池塘一般设有一个排水井。排水井采用闸板控制水流排放，也可采用闸门或拔管方式进行控制。拔管排水方式易操作，防渗漏效果好。排水井一般水泥砖砌结构，有拦网、闸板等凹槽（如图 1 - 12、图 1 - 13

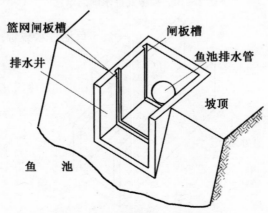

图 1 - 12　闸板式排水井示意

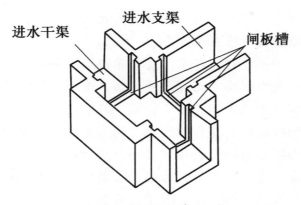

进水干渠　进水支渠　闸板槽

图 1 - 13　拔管式排水井示意

所示)。池塘排水通过排水井和排水管进入排水渠,若干排水渠汇集到排水总渠,排水总渠的末端应建设排水闸。排水井的深度一般应到池塘的底部,可排干池塘全部水为好。有的地区由于外部水位较高或建设成本等问题,排水井建在池塘的中间部位,只排放池塘 50% 左右的水,其余的水需要靠动力提升,排水井的深度一般不应高于池塘中间部位。

2. 进、排水系统

淡水池塘养殖场的进、排水系统是养殖场的重要组成部分,进、排水系统规划建设的好坏直接影响到养殖场的生产效果。水产养殖场的进、排水渠道一般是利用场地沟渠建设而成,在规划建设时应做到进、排水渠道独立,严禁进、排水交叉污染,防止鱼病传播。设计规划养殖场的进、排水系统还应充分考虑场地的具体地形条件,尽可能采取一级动力取水或排水,合理利用地势条件设计进、排水自流形式,降低养殖成本。养殖场的进、排水渠道一般应与池塘交替排列，池塘的一侧进水另一侧排水，使得新水在池塘内有较长的流动混合时间。

（1）泵站、自流进水：池塘养殖场一般都建有提水泵站，泵站大小取决于装配泵的台数。根据养殖场规模和取水条件选择水泵类型和配备台数，并装备一定比例的备用泵，常用的水泵主要有轴流泵、离心泵、潜水泵等。低洼地区或山区养殖场可利用地势条件设计水自流进池塘。如果外源水位变换较大，可考虑安装备用输水动力，在外源水位较低或缺乏时，作为池塘补充提水需要。自流进水渠道一般采取明渠方式，根据水位高程变化选择进水渠道截面大小和渠道坡降，自流进水渠道的截面积一般比动力输水渠道要大一些。

（2）进水渠道：进水渠道分为进水总渠、进水干渠、进水支渠等。进水总渠设进水总闸，总渠下设若干条干渠，干渠下设支渠，支渠连接池塘。总渠应按全场所需要的水流量设计，总渠承担一个养殖场的供水，干渠分管一个养殖区的供水

3. 生产设备

水产养殖生产需要一定的机械设备。机械化程度越高，对养殖生产的作用越大。目前，主要的养殖生产设备有增氧设备、投饲设备、排灌设备、底泥改良设备、水质监测调控设备、起捕设备、动力运输设备等。

（1）增氧设备：增氧设备是水产养殖场必备的设备，尤其在高密度养殖情况下，增氧机对于提高养殖产量，增加养殖效益发挥着更大的作用。

常用的增氧设备包括叶轮式增氧机、水车式增氧机、

射流式增氧机、吸入式增氧机、涡流式增氧机、增氧泵、微孔曝气装置等。随着养殖需求和增氧机技术的不断提高，许多新型的增氧机不断出现，如涌喷式增氧机、喷雾式增氧机等。

①叶轮式增氧机：叶轮式增氧机是通过电动机带动叶轮转动搅动水体，将空气和上层水面的氧气溶于水体中的一种增氧设备。

叶轮式增氧机具有增氧、搅水、曝气等综合作用，是目前采用最多的一种增氧设备。叶轮式增氧机的推流方向是以增氧机为中心作圆周扩展运动的，比较适宜于短宽的鱼溏。叶轮式增氧机的动力效率可达2千克氧气/千瓦时以上，一般养鱼池塘可按0.5~1千瓦/亩配备增氧机。

②水车式增氧机：水车式增氧机是利用两侧的叶片搅动水体表层的水，使之与空气增加接触而增加水体溶氧的一种增氧设备。水车式增氧机的叶轮运动轨迹垂直于水平面，推流方向沿长度和宽度作直流运动和扩散，比较适宜于狭长鱼溏使用和需要形成池塘水流时使用。

水车式增氧机的最大特点是可以造成养殖池中的定向水流，便于满足特殊鱼类养殖需要和清理沉积物。其增氧动力效率可达1.5千克氧气/千瓦时以上，可按0.7千瓦/亩的动力配备增氧机。

③射流式增氧机：射流式增氧机也叫射流自吸式增氧机，是一种利用射流增加水体交换和溶氧的增氧设备。与其他增氧机相比，具有其结构简单、能形成水流和搅拌水体的特点。

射流式增氧机的增氧动力效率可达1千克氧气/千瓦时

以上，并能使水体平缓地增氧，不损伤鱼体，适合鱼苗池增氧使用。缺点是设备价格相对较高，使用成本也较高。

④吸入式增氧机：吸入式增氧机的工作原理是通过负压吸收空气，并把空气送入水中与水形成涡流混合，再把水向前推进进行增氧。

吸入式增氧机有较强的混合力，尤其对下层水的增氧能力比叶轮式增氧机强。比较适合于水体较深的池塘使用。

⑤涡流式增氧机：涡流式增氧机由电机、空气压送器、空心管、排气桨叶和漂浮装置组成。电机轴为一空心管轴，直接与空气压送器和排气桨叶相通，可将空气送入中下层水中形成气水混合体，高速旋转形成涡流使上下层水交换。

涡流式增氧机没有减速结构，自重小，没噪声，结构合理，增氧效率高。主要用于北方冰下水体增氧，增氧效率较高。

⑥增氧泵：增氧泵是利用交流电产生变换的磁极，推动带有固定磁极的杆振动，在固定磁极杆的末端带有橡胶碗，杆在振动的同时会将空气压缩并泵出，压缩空气通过导管末端的气泡石被分成无数的小气泡，这样就增大了和水的接触面积，增加氧气的溶解速度。

增氧泵具有轻便、易操作及单一的增氧功能，一般适合水深在 0.7 米以下、面积在 0.6 亩以下的鱼苗培育池或温室养殖池中使用。

⑦微孔曝气装置：微孔曝气装置是一种利用压缩机和高分子微孔曝氧管相配合的曝气增氧装置。曝气管一般布设于池塘底部，压缩空气通过微孔逸出形成细密的气泡，增加了水体的汽水交换界面，随着气泡的上升，可将水体

下层水体中的粪便、碎屑、残饲以及硫化氢、氨等有毒气体带出水面。微孔曝气装置具有改善水体环境，溶氧均匀、水体扰动较小的特点。其增氧动力效率可达 1.8 千克氧气/千瓦时以上。

微孔曝气装置特别适用于虾、蟹等甲壳类品种的养殖。

（2）投饲设备：投饲设备是利用机械、电子、自动控制等原理制成的饲料投喂设备。投饲机具有提高投饲质量、节省时间、节省人力等特点，已成为水产养殖场重要的养殖设备。投饲机一般由四部分组成：料箱、下料装置、抛撒装置和控制器。下料装置一般有螺旋推进式、振动式、电磁铁下拉式、转盘定量式、抽屉式定量下料式等。目前，应用较多的是自动定时定量投饲机。投饲机饲料抛撒一般使用电机带动转盘，靠离心力把饲料抛撒出去，抛撒面积可达到 10～50 平方米。也有不使用动力的抛撒装置、空气动力抛撒装置、水输送抛撒装置、离心抛撒装置等。

（3）排灌机械：主要有水泵、水车等设备。水泵是养殖场主要的排灌设备。水产养殖场使用的水泵种类主要有：轴流泵、离心泵、潜水泵、管道泵等。

水泵在水产养殖上不仅用于池塘的进排水、防洪排涝、水力输送等，在调节水位、水温、水体交换和增氧方面也有很大的作用。

养殖用水泵的型号、规格很多，选用时必须根据使用条件进行选择。轴流泵流量大，适合于扬程较低、输水量较大情况下使用。离心泵扬程较高，比较适合输水距离较远情况下使用。潜水泵安装使用方便，在输水量不是很大的情况下使用较为普遍。

选择水泵时一般应了解如下参数：

①流量（Q）的确定：流量是选择水泵时首先要考虑的问题，水泵的流量是根据养殖场（池塘）的需水量来确定的。

②扬程（H）的确定：水泵的扬程要与净扬程 $h_净$ 加上损失扬程 $h_损$ 基本相等。净（实际）扬程是指进水池（渠道、湖泊、河流等）水面到出水管中心的最高处之间的高差，常用水准测量方法测定。

损失扬程是很难测定的，一般用 $h_损 = h_净 × 0.25$ 来估算损失扬程。在扬程低、水泵口径较小、管路较长时，可以大于0.25，反之小于0.25。在初选泵型时，水泵扬程可估算为：$H = h_净 + h_损 = h_净 + 0.25 h_净 = 1.25 h_净$。

（4）底质改良设备：底质改良设备是一类用于池塘底部沉积物处理的机械设备，分为排水作业和不排水作业两大类型。排水作业机械主要有立式泥浆泵、水力挖塘机组、圆盘耙、碎土机、犁等；不排水作业机械主要有水下清淤机等。

池塘底质是池塘生态系统中的物质仓库，池塘底质的理化反应直接影响到养殖池塘的水质和养殖鱼类的生长，一般应根据池塘沉积情况采用适当的设备进行底质处理。

①立式泥浆泵：立式泥浆泵是一种利用单吸离心泵直接抽吸池底淤泥的清淤设备，主要用于疏浚池塘或挖方输土，还可用于浆状饲料、粪肥的汲送，具有搬运、安装方便，防堵塞效果好的特点。

②水力挖塘机组：水力挖塘机组是模拟自然界水流冲刷原理，借水力连续完成挖土、输土等工序的清淤设备。

一般由泥浆泵、高压水枪、配电系统等组成。

水力挖塘机组具有构造结构简单、性能可靠、效率高、成本低、适应性强的特点。在池塘底泥清除、鱼池改造方面使用较多。

（5）水质检测设备：主要用于池塘水质的日常检测，水产养殖场一般应配备必要的水质检测设备。水质检测设备有便携式水质检测设备以及在线检测控制设备等。

①便携式水质检测设备：具有轻巧方便、便于携带的特点。适合于野外使用，可以连续分析测定池塘的一些水质理化指标，如溶氧、酸碱度、氧化还原电位、温度等。水产养殖场一般应配置便携式水质监测仪器，以便及时掌握池塘水质变化情况，为养殖生产决策提供依据。

②在线监控系统：池塘水质检测控制系统一般由电化学分析探头、数据采集模块、组态软件配合分布集中控制的输入输出模块，以及增氧机、投饲机等组成。多参数水质传感器可连续自动监测溶氧、温度、盐度、pH 值、COD等参数。检测水样一般采用取样泵，通过管道传递给传感器检测。数据传输方式有无线和有线两种形式。水质数据通过集中控制的工控机进行信息分析和储存，信息显示采用液晶大屏幕显示检测点的水质实时数据情况。

反馈控制系统主要是通过编制程序把管理人员所需要的数据要求输入到控制系统内，控制系统通过电路控制增氧或投饲。

（6）起捕设备：起捕设备是用于池塘鱼类捕捞作业的设备，起捕设备具有节省劳动力、提高捕捞效率的特点。

池塘起捕设备主要有网围起捕设备、移动起捕设备、诱捕设备、电捕鱼设备、超声波捕鱼设备等。目前，在池塘方面有所应用的主要是诱捕设备、移动起捕设备等。

（7）动力、运输设备：水产养殖场应配备必要的备用发电设备和交通运输工具。尤其在电力基础条件不好的地区，养殖场需要配备满足应激需要的发电设备，以应付电力短缺时的生产生活应激需要。水产养殖场需配备一定数量的拖拉机、运输车辆等，以满足生产需要。

职业能力测试

1. 简述水产养殖池塘养殖工程建设应满足养殖池塘的七大主要功能。

2. 简述经济型池塘养殖模式、标准化池塘养殖模式、生态节水型池塘养殖模式、循环水池塘养殖模式等四种类型的不同点，以及适用哪些鱼类养殖？

3. 论述在养殖池选址修建中应该注意的问题。

第二章 池塘环境条件改良

一、整塘与清塘

（一）池塘改造

由于水产养殖的特殊性，塘址应选择在靠近水源、水量充足、水质清新、饵源丰富的地方，要求周边环境安静、无污染源、电力配套、交通便捷。

池塘改造的目的是对于不符合标准的池塘进行改造，从而达到要求。如果面积小了，应该对池塘进行加长加宽，使面积增加，达到保持水质，增加放养密度的作用；土质池稳定性较差，抗冲刷能力不好，应用水泥等材料进行池塘护坡硬化，同时做好进水和排水措施，防止雨水的冲刷对池埂的破坏。

不同养殖类型和品种对池塘的要求不同。鲫鱼养殖通常将池塘开挖成东西向的长方形，面积 5~10 亩为宜，长宽比为 3:2，池坡比为 1:2.5~1:3，水深为 1.5~2.0 米，池埂坚固，护坡完整，池底平坦。同时，不同的鱼池功能也不一样，下面我们提供了几种不同功能的鱼池构造，作为参考（见表 2-1）。当然，如果条件不允许，可根据实际情况进行改造，保障水深、方便管理即可。

表2-1　不同养殖类型池塘规格参考值

池塘类型	面积（亩）	池深（米）	长宽比	备注
鱼苗塘	1.5~2	1.5~2.0	2:1	可兼作鱼种塘
鱼种塘	2~5	2.0~2.5	(2~3):1	靠近水源
成鱼塘	5~15	2.5~3.5	(2~4):1	可留宽埂
亲鱼塘	3~4	2.5~3.5	(2~3):1	靠近产卵池
越冬塘	5~10	3.0~4.0	(2~4):1	靠近水源

（二）整塘与清塘

对于老塘来说，池塘内积累了一定数量的残饵、鱼类的粪便和因为雨水冲刷池埂而形成的泥沙沉积。"整塘""清塘"的作用可以分为以下几个方面：一是改善水质，增加肥度。二是增加放养量淤泥清除后，增加了池塘的容水量，相应地可增加鱼苗的放养量和鱼类的活动空间，有利于鱼苗生长。三是保持水位，稳定生产，清理池塘，修补堤埂，防止漏水，提高了鱼池的抗灾能力和生产的稳定性。四是杀灭敌害，减少鱼病。五是增加青饲料（或农作物）的肥料。塘泥中有机物含量很高，是植物的优质有机肥料。将塘泥取出，作为鱼类青饲料或经济作物的肥料。变废为宝，有利于渔场生态平衡，可提高经济效益。

清塘有整塘与药物清塘两种。整塘就是将池水排干，清除淤泥，将塘底推平，清除池底和池边的植物。

药物清塘是用化学药品在池塘内杀死有害生物。合理、科学地使用消毒剂，能消除或杀灭养殖环境中的病原微生物，防止疾病的发生；使用消毒剂净化、稳定水质，造就水产养殖动物生长良好的生态环境，是水产养殖成败的关键。由于微生物制剂具有去污、增氧等功能，在水产养殖中均取得显著效果，在水产养殖中广泛应用。据统计，目前淡水养殖中消毒剂约占渔药总量的40%左右。结合养殖经验，下面列出几种常见的清塘剂（见表2-2），供大家参考。

表2-2 几种常见的清塘剂

名称	作用与原理	药物有效期（天）
生石灰	通杀型清塘剂，能针对各种水生生物，起到杀灭作用	8~10
漂白粉	通杀型清塘剂，能针对各种水生生物，起到杀灭作用	3~5
茶粕	能部分杀灭野杂鱼、蛙卵、蝌蚪、螺类等，无杀菌功能	7~10
鱼藤	选杀型清塘剂，杀灭部分野杂鱼、水生昆虫，对浮游生物、细菌、寄生虫休眠孢子等无杀灭作用	约7
巴豆	能杀灭大部分鱼类，对细菌、寄生虫、蛙卵、水生昆虫无杀灭作用	约10
清塘净A	选杀型清塘剂，杀鱼类、虾蟹类，对寄生虫卵、孢子、细菌具有杀灭作用，对螺类无明显杀灭效果	约5
清塘净B	选杀型清塘剂，可杀灭鱼类、寄生虫卵、孢子及细菌	约10
统统杀	通杀型清塘剂，可杀灭鱼、螺、蚌、虾蟹、寄生虫及虫卵	约10

二、调节水质

（一）水质判别

水质好坏是养鱼成败的关键因素之一。水质好坏的判断标准就是看其是否达到"肥、活、嫩、爽"的要求，一般情况下，可以根据水色来对水质做出简单判断，也可以用仪器进行测量。

1. pH 值

鱼类安全 pH 值范围是 6～9，最适 pH 值为 7.0～8.5。pH 值高于 8 时，氨离子转变成氨气，造成鱼类中毒；pH 值低于 6 时，90% 以上水体硫化物转化成硫化氢，也可造成鱼类中毒；pH 值低于 6.5 时，虾蟹类血液中的 pH 值也随之降低，尽管水体中氧气和食物较丰富，但仍会出现浮头、饥饿等现象。

2. 透明度

水体透明度反映水体的肥瘦。正常情况下，透明度 30 厘米左右，水体肥；小于 20 厘米，太肥；大于 40 厘米，瘦。

3. 水色

鱼池随施用肥料品种与季节不同而呈不同的水色。优良水色具有"肥、活、嫩、爽"的特点。瘦水与不好的水，水质清淡，透明度高。如暗绿色：水面常有暗绿色或黄绿色浮膜，团藻类较多；灰绿色：透明度低，浑浊度大，水中蓝藻较多；蓝绿色：天热时水面有黄绿色的浮膜，水中微囊藻、囊球藻等蓝绿藻较多。较肥的水一般呈草绿带黄色，浑浊度较大。肥水呈黄褐色或油绿色，浑浊度小，透明度（25～40）厘米，硅藻、金藻或隐藻较多，是易被鱼类消化吸收的饵料生物，适合养鱼。

（1）水色呈黄绿色且清爽，为好水。该颜色表示水色浓淡适中，水体中的藻类以硅藻为主，绿藻、裸藻次之。

（2）水色呈草绿色且清爽，为好水。该颜色表示水色较浓，水体中的藻类以绿藻、裸藻为主。

（3）水色呈油绿色，为好水。该颜色表示水质肥瘦程度适中，在施用有机肥的水体中该种水色较为常见。水体中的藻类主要是硅藻、绿藻、甲藻、蓝藻，且数量比较均衡。

（4）水色呈茶褐色，为好水。该颜色表示水质肥瘦程度适中，在施用有机肥的水体中该种水色较为常见。这种水色的水体中腐殖质浓度较大，水体中的藻类以硅藻、隐藻为主，裸藻、绿藻、甲藻次之。

（5）水色呈蓝绿、灰绿色而浑浊，天热时常在池塘下风的一边水表出现灰黄绿色浮膜，为坏水。该颜色表示水体的水质老化，水体中的藻类以蓝藻为主，而且数量占绝对优势。

（6）水色呈灰黄、橙黄色而浑浊，在水表有同样颜色的浮膜，为坏水。该颜色表示水体的水色过浓，水质恶化，水体中的藻类以蓝藻为主，且已开始大量死亡。

（7）水色呈灰白色，为坏水。该颜色表示水体中大量的浮游生物刚刚死亡，水质已经恶化，水体严重缺氧，往往有泛塘的危险。

（8）水色呈黑褐色，为坏水。该颜色表示水色较老且接近恶化。可能是施用过多的有机肥所致，水体中腐殖质含量过多。水体中的藻类以隐藻为主，蓝藻、裸藻次之。

（9）水色呈淡红色，且颜色往往浓淡分布不匀，为坏水。该颜色表示水体中的水蚤繁殖过多，藻类很少。这种水色的水体溶氧量很低，已发生转水现象，水质较瘦。

（10）对于褐色水来说，施肥初期形成的褐色水是好水，中后期从其他水色转变为褐色的水则是坏水。

4. 水华

有一定水华的池水属于肥水，对鲢、鳙、白鲫、罗非鱼生长有利，但这样的水中溶解氧含量低，会导致藻类死亡且鱼类易出现浮头，严重时泛池死鱼。因此，在池塘养殖水质管理中需要控制水华的大量出现。

5. 池塘下风处的油膜

下风处的油膜同样可以反映水体的肥瘦。油膜多，且颜色呈现日变化（早红晚绿）表明水体较肥；如果油膜是一层长期不散的铁锈色，则表明水体瘦而老，必须换注新水并增加投饵施肥。

6. 水体气味

如果池水中浮游生物过多，不能被鱼食用则易衰老死亡。在池塘的下风处可闻到腥味或臭味。此时，应防止水质进一步恶化，造成缺氧。

（二）水质调控方法

水产工作者习惯讲："要想养好一塘鱼，先要养好一塘水"。实际上，底质和水质是相辅相成的，养好一塘鱼不仅要养好一塘水，更要养好一塘底。底质的好坏直接影响水质，水质的好坏是底质的表现形式，改善底质是改善水质的基础，底质和水质共同构成水产养殖动物栖息的环境空间和生物、能量、理化因子循环的载体空间。

1. 底质调控重要性及判别方法

水体和底质的稳定性、自净能力水平是正确评价养殖水体和底质质量的标准。保持养殖水体和底质环境的相对稳定，使养殖水体和底质的生态系统及生物个体、种群和微生态系统始终处于动态平衡中，水体和底质物质循环和能量流动有序顺畅，即水体和底质的稳定性好和自净能力水平高，使水体和底质变成养殖水生动物栖息和生长的良性生态环境空间，才能达到健康、安全、高效的养殖目的。

水体和底质的稳定性、自净能力水平主要取决于三个方面：一是藻相，藻类的生物多样性指数高、生物量大且活力强，其稳定性和净水力就强；二是微生物相，水体中微生物分解有机物，降解氨、亚硝酸、硫化氢的能力，是水体稳定的基础；三是理化缓冲能力，如充足的二氧化碳、较高浓度的缓冲物等，都是水体稳定和自净能力水平的重要因素。

培养优良的水质和底质，关键是提高水体和底质的稳定程度、自净能力水平。以下就此作一简要讨论。

（1）水体与底质的稳定性和自净能力判别：酸碱度和溶解氧是水中最主要的化学因子，其变动状况能够反映出水体稳定程度及净水能力的高低。光合作用越强，酸碱度和溶解氧越高，净水能力越强；而总碱度越高（如正常大于 120 毫升/升水体），相对缓冲能力较强，此时酸碱度和溶解氧的变幅则较小，水体相对稳定；反之，酸碱度和溶解氧的变幅大，则水体不稳定。判断水质的好坏可参考以下方法（测定早上和中午水体的酸碱度和溶解氧）：当 pH 值变化不超过 1 而溶解氧在 4 ~ 10 毫克/升时，这是水质稳定的标准，一般不需要进行处理；当 pH 值变化超过 1 而溶解氧仍在 4 ~ 10 毫克/升时，此时意味着总碱度不够（可投放碳酸钙或碳酸氢钠，每天投放，直到 pH 值恢复正常）；当 pH 值变化超过 1 且早上溶解氧低于 3 毫克/升、中午溶解氧高于 10 毫克/升时，意味着藻相开始劣变了，亦即池底开始富营养化，此时建议使用有益微生物处理；若是 pH 及溶解氧持续走低，则意味着池底开始酸化或老化了，建议使用生物净水剂等处理。

（2）水质调节方法

①施肥：施肥是为了增加水体中的有机物质，促进浮游生物的繁殖，为养殖的鱼提供更好的生长发育条件。主要施有机肥和无机肥两种。

a. 有机肥料须经充分发酵

春季鱼塘水温较低，水中含氧量相对丰富，合理施用有机肥不仅成本低，而且可以达到很好的养殖效果。鱼塘施用大粪、畜禽粪等有机肥料，必须经过充分发酵。经过发酵腐熟将有机物质分解的肥料施入鱼塘，既可减少水中氧的消耗，又能较快地被浮游植物吸收利用，还能杀死有机肥料中的病原体。

b. 施肥要少施、匀施、勤施

所谓"少施"，即每亩每次施用有机肥几十千克到一百千克；所谓"匀施"，即用水和粪汁全塘均匀泼洒，使鱼塘水色呈黄褐色或油绿色，水面无油膜，透明度保持在 20～30 厘米，这时水中的浮游生物比较丰富，可以在水中饲养一些鲢鳙鱼来调节水质，这样既可以改善水质，又可以提高产量；所谓"勤施"，即随着鱼类的摄食，每当塘水肥度下降、透明度大于 30 厘米时，应立即再施肥。

c. 因"鱼"制宜确定施肥数量

不是主养鲢、鳙的鱼塘，由于投喂饲料，春季施肥量需相应减少，使透明度保持在 30～40 厘米；随着气温的上升，塘水肥度会越来越大。精养高产鲤鱼、精养高产草鱼的鱼塘，虽然混养了部分鲢、鳙鱼，但是春天不宜施肥。

d. 施肥时间以晴天上午为好

要注意收听（看）天气预报，不在阴天、雨天施肥。浮游植物通过光合作用繁殖生长，在连续 2～3 天晴朗天气的上午施肥，能最快最好地促进微生物增生繁殖，最大限度地降低有机肥料对水质的污染，保证鱼塘物质的良性循环。

②定期换水保持水质清新：若鱼塘中有机物和各类生物的代谢废物积累过多、水中的含氧量下降、浮游生物组成不良，就会影响养殖鱼类的生长。因此，要定期换注新水，以免鱼塘水质过肥，始终保持水质"肥、活、嫩、爽"。

③药物：根据常规养殖经验，我们给出七种池塘水质调节办法介绍。

a. 改黑水

3～4 月份改黑水时，特别注意要杀轮虫（沿池塘周边 1 米宽喷洒"神威"）。方法一：第 1 天，用"底福安 + 亚硝净"；第 2 天，用"水质保护解毒剂"。方法二：第 1 天，用"百汇高铜"（或"鱼虾强氯精"或"二氧化氯"）；第 2 天，用"培水解毒降氨宁"；3～4 天后，根据水质具体情况施用渔用微生物肥，水质特别浓的加"净水保"，或"净水保 + 亚硝净"，或"活力菌素 + 净水保"。

b. 改红水

第 1 天，"水质保护解毒剂 + 亚硝净"；第 2 天，"过磷酸钙 + 培水解毒降氨宁或活水底净保"；第 3 天，根据池塘水质具体情况施用渔用微生物肥。

改红水之前检测水体 3 项指标（pH 值、氨氮和亚硝酸盐）是关键。根据不同的水质条件调整配方，氨氮过高的加"培水解毒降氨宁"，水体中含亚硝酸盐的加"亚硝净"，pH 值高的加"水质解毒修复剂"等。管理重点在于防止由水体缺氧引起的泛塘。尤其注意的是，在未熟练掌握使用技巧或不是绝对安全的情况下，改红水不要使用任何产品。

c. 改绿水

第 1 天，低温时用"鱼虾强氯精 + 百汇高铜"；高温时用"底福安 + 亚硝净"；第 2 天，用"水质保护解毒剂 + 亚硝净"……第 5 天，高温时用"活力菌素 + 净水保"。

d. 降氨氮

用"培水解毒降氨宁（或'底居宁'）+ 亚硝净"。

e. 降亚硝酸盐

用"活力菌素 + 净水保"或"底居宁 + 亚硝净"。注意：降亚硝酸盐（或氨氮）的同时要降 pH 值。

f. 调节 pH 值

pH 值高，第 1 天，用"水质保护解毒剂 + 水质解毒修复剂"；第 2 天，用"培水解毒降氨宁 + 百露汇"。pH 值低的，用生石灰。

g. 改底

"底福安 Ⅱ 或底福安、底居宁 + 底居氧或亚硝净"。

④控制温度：适合的水温能促进鱼的生长发育，提高产量。常用的控制水温的方法主要有引入适宜水温的水源，保持一定的水位，放养一些浮游植物。不同池塘的实际情况不同，应该根据自身情况采取不同的措施。

（3）底质调节方法

①增氧：充足的溶解氧是水质稳定及鱼、虾等水产养殖动物健康生长的必要条件。增氧的目的为：满足鱼、虾等水产养殖动物及池中的所有生物呼吸需要；满足水产养殖动物摄食、消化、代谢的需要，达到健康快速生长要求；满足所有生物及化学因子良性循环的需要。保持充足的溶解氧意义重大，但事实上我们几乎每个水产养殖水体溶解氧都是不足的，所以增氧是养鱼成败最关键的因素之一。缺氧时可通过加开增氧机、泼洒增氧剂及改底药物解决。长期缺氧应分析原因，如是否藻相不佳，增氧能力不足，水位太深，换水、用杀藻药物或投饵量过大等，应有针对性地加以解决。

提高增氧效率的办法：改进增氧方式，改用立体式增氧代替单一增氧；提高给氧物质的浓度，改施液体增氧剂代替固体增氧剂，以提高给氧物质的含量，增加给氧效率；使用氧原子含量高的增氧剂，提高氧化能力，降解氨、亚硝酸等还原性物质；使用表面活性剂，降低水体的表面张力，增加氧气溶解速度。

2. 培养有益藻类

（1）定向培养有益藻类。硅藻个体较大、易消化、净水能力强，是养鱼池理想的藻类。绿藻在养殖初期及水质不稳定时易出现，可作为硅藻优势种的补充。培育硅藻应做好以下几个方面：接种以硅藻为优势的"肥水"（为茶褐色）；开启增氧机等，形成一定的水流；施用肥水育藻剂；非土池（如水泥池或塑膜底层），可放 2～3 毫米的壤土，以保证水体中含有足够的可溶性的硅酸盐；水位不宜过深，勿施不溶性的有机肥（如鸡粪、黑土等），以防止鞭毛藻类及原生物大量出现；勿单独施用磷肥，防止蓝藻大量出现。

（2）保持丰富的藻类，防止藻类"老化"。一是培养有益藻类藻相。藻类有较强的净水能力，丰富的藻类即保持较高的肥度又是净水的基础。一般认为，鱼池透明度应保持在20~30厘米以上，笔者认为透明度在10厘米左右更好。藻类丰富不仅提高水体的净水能力，而且产氧能力强，同时为鱼类提供良好的饵料。二是防止藻类"老化"。在生产中有时会出现藻类突然死亡，即"倒藻"现象。藻类之所以死亡，与环境突变（如缺氧）及藻类"老化"有关，正常情况下只要营养丰富或水质稳定，特别是不缺氧，藻类一般不会突然大批死亡。防止藻类"老化"的方法：①全池泼洒季铵盐类药物 0.3~0.4 毫升/米^3，可絮凝部分"老化"藻类、幼稚藻类不受伤害，第二天再用颗粒增氧剂按 100 克/亩撒在池底以防底臭，可有效地避免藻类老化。有些富营养化的池塘高温期根据水质情况每隔7~10天按上述方法使用 1 次效果较好。②加大增氧力度，并适当地减少投喂量。三是养殖后期藻相处理。养殖后期，池塘容易出现藻类多，有机颗粒（如粪便、有机碎屑）也多，即"又肥又脏"的现象，大量的有机物质（特别是不溶性的有机物）的存在加大了水中氧气的消耗，并大量滋生鞭毛藻类、浮游动物及水生昆虫等，水体溶氧偏低，氨、亚硝酸等有害物质含量较高，易引起鱼生病及缺氧，是不良的水质。四是适当补充可溶性有机肥水育藻剂。氨氮、有机物过高不好，但没有也不行，因为藻类、有益微生物需要这些营养素生存，因而保持适当的氨氮、有机物浓度是必需的。

在营养不足、藻类老化或新挖池塘放苗初期适当地补充肥水育藻剂也是必需的，但要防止用量过大。肥水育藻剂种类繁多，笔者建议鱼池选用可溶性的有机肥为主的肥水育藻剂为好。

3. 正确使用微生物制剂

正确使用优质微生物制剂，可以培养良好的微生物种群，改善养殖环境，增加养殖动物抵抗力，预防病害的发生。

（1）微生物制剂可用在以下几个方面：①降低水体氨、亚硝酸、硫化氢等有害物质，有"净水作用"。②加快有机物分解，促进藻类繁殖，有"肥水作用"。以含有芽孢杆菌、乳酸菌为主的微生物制剂效果明显，可保持水质"肥而不脏""肥而不老"。③抑制有害细菌，起防病作用，如含有乳酸菌、链球菌的微生物制剂。④加快水体净化速度，促进物质循环，主要起稳水作用，以复合菌为主。

（2）正确使用微生物制剂需要注意以下几点：①微生物制剂的生长繁殖需要一定的条件，因而改善活菌的生存环境是很必要的。硝化细菌、芽孢杆菌均是好氧菌，只有在氧气充足的条件下才能繁殖，因而缺氧条件下，不适合使用以上述菌种为主要成分的产品。光合细菌需要光照、无氧条件，无光或氧气高不利于繁殖，所以良好的水质（如藻类丰富等）中，使用光合细菌作用不大。在正常的水体，光合细菌主要在底层及温跃层上方起作用。光合细菌因其耗氧量不大，阴雨天可以使用，但目前市场上很多光合细菌产品因含有大量的培养基，也不宜在阴雨天使用。又如氨氮、硫化物、有机物等的存在也是部分活细菌繁殖的条件，因此彻底排污不利于微生物的繁殖，影响净水能力的提高，如水清的池塘易臭就有这种原因。因而适当地减少排污，为微生物的繁殖提供适宜的条件是必要的。②施用活菌制剂的意义等于种庄稼"播种"一样，因而只有在水体中缺少"种子"时效果才明显，如清塘、换水或用药后使用效果好。又如养殖后期，亚硝酸盐偏高，使用各类微生物制剂效果都不好，原因是此时水体中不缺乏"种子"，而是缺少活菌繁殖的条件溶氧。③活菌的代谢终产物要解决出路，效果才明显。代谢终产物过高时，如硝酸盐过高，反而会促进反硝化作用，硝酸盐又会转化为亚硝酸盐，因而藻类对硝酸盐的利用也会增强活菌的使用效果。如清水施用活菌效果差这就是其中一个原因。④活菌的繁殖需要一定的基质或载体，即细菌繁殖的"温床"。池塘中活菌的主要基质是悬浮的泥土颗粒、有机物质，因而适当浑水有利于细菌的繁殖，这也是泥浆水反而不臭的原因之一。⑤不同的使用空间（或水层），选择不同的产品及使用方法。底臭时除加大底层增氧外，可使用固体活菌制剂；表层水有机质较多时可用麦麸、米糠等漂浮性强的载体与上述活菌制剂拌后泼洒使其浮在水面；水体使用时以溶于水后泼洒效果更明显。⑥注意活菌的敌害及竞争对象的影响。原生动物、轮虫、枝角类等浮游动物都能摄食活菌，这些生物数量多时施用活菌制剂效果不好。藻类与自养型微生物，如光合细菌、硝化细菌有竞争作用，因而藻类过多时不利于这些菌的繁殖。反之，用它们控制藻类的繁殖必须加大用量。

三、底质监控与调节

养鱼先养底，防止底质恶化随着水产养殖集约化水平的提高，养殖密度不断增大，投饵量也随着不断加大。虽然池塘的产量有了很大的提高，但是，一味追求高产的措施对养殖水环境尤其是池塘底部环境造成了很大的污染，破坏了池塘原有的生态平衡。底质的好坏直接影响水体的稳定性及养殖动物的生长能力及抗病力等。底质改良具有重要的意义。

1. 造成底质恶化的主要原因

大量的残饵、排泄物、动植物尸体中残余的蛋白质、脂肪、淀粉等为病原微生物的生长繁殖提供营养条件造成病原微生物的大量繁殖；大量而频繁的排换水使池塘泥土中矿物质和微量元素流失，造成塘底"沙漠"化，塘底渗漏，保水、保肥的功能减退；频繁使用化学药物消毒对有益微生物构成极大的危害，使病原微生物产生抗性，致使池塘逐步失去生态平衡，塘底的自净功能丧失殆尽。

2. 底质恶化的危害

（1）导致"氧债"增加。在集约化养殖条件下，残饵、粪便、死亡的藻类等都会沉淀在池塘的底部，池底有机物含量远远高于水中溶解的有机物，尤其是多年未清塘的池塘这种情况更为严重。淤泥（有机质）过多的池底氧化分解会消耗掉底层本来并不多的氧气，造成底部缺氧。缺氧条件下，厌氧性细菌大量繁殖，对有机物质产生发酵作用，产生很多还原性中间产物，这些物质强烈亲氧，当水中有氧时，它们就会与氧结合，从而消耗掉水中的氧气，直至全部被氧化后，水中溶氧才开始升高。鉴于此，要增加底部的溶氧必须降低这些能消耗掉氧气的还原性物质，才能有效增加底部溶氧。亦即人们常说的"氧债"，先清理完"债务"后才能让池塘底部的溶氧提高。据统计，集约化养殖池底淤泥耗氧量占水体总溶氧的1/3以上。"氧债"越高，对水产养殖动物的生长就越有威胁。"氧债"的存在是缺氧、水质恶化的重要原因之一，已成为水底暗藏的杀手。而底质恶化是导致"养债"产生的根本原因。

（2）水体有毒物质大大增加。在淤泥较多的池塘中，厌氧性细菌大量繁殖，分解池塘底部的有机物质而产生大量有毒的中间产物，如氨、硫化氢、甲烷、有机酸、低级胺类、硫醇等。这些物质大都对水产养殖动物有着很大的毒害作用，它们在水中会不断积累，轻则会影响水产养殖动物的生长、饵料系数增大、养殖成本升高；重则引起中毒死亡和泛塘，对养殖业造成巨大损失。

（3）酸碱失衡。在淤泥较多的池塘中，淤泥中有机物在厌氧微生物的共同作用下发酵产生各种有机酸和无机酸，使底质和水质酸化，pH值明显下降。水产养殖动物对生活水域的酸碱有一定的适宜范围，过酸或过碱的水均能刺激鳃和皮肤的感觉神经末梢，反射性地影响呼吸运动，使养殖动物从水中摄氧能力减弱。当pH值超过适宜范围时，影响养殖动物的呼吸，造成新陈代谢下降、生长发育停滞等一系列异常变化。因此，pH值超过一定范围，即使在富氧水域里也会出现缺氧症状。在有些养殖池塘中，底部酸化程度非常严重，已成为健康养殖的障碍。

（4）养殖动物抵抗力下降，易感染发病。养殖水体及养殖动物体内外或多或少地存在着一些致病微生物，这些致病微生物中多数为条件致病，其致病力随着环境不良因素的增加而增强。环境条件恶化，养殖动物受损伤、抵抗力减弱就会使致病菌的毒性增强，从而对养殖动物的组织器官造成损害，发生病理变化而发病。当底质恶化，有害菌就会大量繁殖，水中有害菌的数量达到阈值时，养殖动物可能发病。所以，环境恶化不仅造成水产养殖动物的抵抗能力下降，特别容易感染病菌而发病，而且还使水体致病菌大量繁殖，达到使水产养殖动物发病的细菌数量。

大量的研究与生产实践证明，池塘淤泥增多、底质恶化（池底恶臭）是造成池塘底部"氧债"升高、pH值失衡、有毒物质和有害细菌增加，造成整个养殖水体水质污染的重要原因。池底恶化轻则使水产养殖动物摄食量下降乃至停食、病害发生与蔓延，重则造成水产养殖动物中毒、泛池，出现大量死亡。因此，延缓池底"老化"过程，及时改善底质已成为养殖能否成功的关键之一。在水产养殖动物养殖中，以改良底质为中心的水质管理已成为当今水产养殖的最关键技术之一。

3. 常用的底质改良方法

（1）彻底清塘和晒塘，清除池塘底部多余的有机物（淤泥），是改善底质的最好的手段。

（2）使用吸附物质改良底质，如沸石粉，可以在池底吸附氨氮等有毒有害物质，是传统的底质改良剂。

（3）使用微生态制剂改良底质，如光合细菌、复合微生物制剂等。光合细菌为兼性细菌，在氧气不足的池底也能繁殖，故施用光合细菌后，可在池底作用，直接消耗利用水中的有机物、氨氮及硫化物，并通过反硝化作用除去水中的亚硝酸铵等；能使池塘内的残饵及水产养殖动物等生物排泄物分解并加以吸收利用。复合微生物制剂可降低池底有害物质和有机质含量，并抑制其扩散，通过物理和化学的方法去除底部的氨态氮、硫化氢、亚硝酸态氮，为底部水体及整个池塘创造一个良好的水环境，调节池塘底质酸碱度，稳定底部 pH 值，参与建立 pH 值缓冲体系，把pH 值控制在正常的范围内，起到调节及稳定养殖水体酸碱度的作用，并有效抑制池塘底层有害菌繁殖生长，预防疾病的发生。

（4）提高底泥的氧化还原电位，促进有益菌的繁殖，是减少底臭较好的方法。

（5）避免饲料的浪费，提高饲料转换率。

（6）定向培养有益藻类，适当施肥并防止水体老化。

（7）防止盲目用药。

职业能力测试

1. 简述常见的清塘剂作用和原理。

2. 如何判断养殖水质是否达到"肥、活、嫩、爽"要求？

3. 水质调控的方法有哪些？每种方法的适用对象有哪些？

第三章　常用设备安装和使用

池塘养鱼需要水中有一定的溶解氧。当水中的溶解氧过低时，一定要及时增氧。通常用的增氧方法有生物增氧、机械增氧、化学增氧和补水增氧等。生物增氧就是通过植物的光合作用来增加水中的溶解氧。机械增氧就是使用一些机械设备，增加水和空气的接触面达到增加溶解氧的目的。化学增氧是利用化学制剂，比如过氧碳酸钠等直接溶解到池塘内，释放出氧气来提高水中的溶解氧。补水增氧就是往池塘内加入新水来提高水中的溶解氧。

一、增氧设备

（一）增氧设备类型

增氧设备种类较多，常见的有叶轮式增氧机、水车式增氧机、涌浪机和微孔增氧4种（见表3－1）。其作用原理都是通过机械方式将空气中的氧气尽可能地溶解到养殖水体中，从而达到增氧的作用。

表3－1　几种常见的增氧设备工作原理和参数

类型	工作原理	功率（千瓦）	增氧能力（千克/时）	有效水面（亩）/推动距离（米）
叶轮式	通过叶轮的转动达到搅水、增氧、混合、曝气的作用	1.5	≥2.3	4~8亩
		3	≥4.5	8~12亩
水车式	通过叶片的转动将表层水推向前方，加快水体水平交换	0.75	≥1.1	14米
		1.5	≥1.5	23米

续表

类型	工作原理	功率（千瓦）	增氧能力（千克/时）	有效水面（亩）/推动距离（米）
涌浪机	强大的造浪能力，加速底层与表层的富氧水的交换	0.75	≥1.3	8～12 亩
微孔增氧	通过鼓风机将空气压缩至纳米管释放进水体，达到增氧目的			2.2千瓦的曝气机，1.5米水深可带30个盘，2.0米可带20个盘。1台投料机放置15个盘，2台放置25个盘，管道距离不超过100米。

　　随着养殖条件的改善，部分养殖户还备有罐装纯氧，主要用于鱼苗、成鱼运输的增氧，同时也可以用来应激，解决缺氧问题。从增加水体氧气含量的作用上来说，这种设备也可以称得上是一种增氧的设施。

　　（二）增氧设备详解

　　常见的增氧设备原理和使用均较简单，下面以微孔增氧为例，进行详细的介绍。

　　1. 原理

　　微孔管增氧技术，采用罗茨鼓风机将空气送入输气管道，输气管道将空气送入微孔曝气管，由于其孔径小，可产生大量微细化气泡从管壁冒出分散到水中，而且上升速度缓慢，气泡在水中移动行程长，与水体接触充分，气液相间氧分子交换充分，而且还增加了水流的旋转和上下流动。水流的上下流动将上层富含氧气的水带入底层，同时水流的旋转流动将微孔管周围富含氧气的水向外扩散，实现养殖池水的均匀增氧。微孔管增氧技术具有溶氧效率高、改善养殖水体生态环境、提高放养密度、增加养殖产量、降低能耗、使用安全和操作方便等优点。

2. 结构

微孔增氧设施主要由主机（电动机、罗茨鼓风机、储气缓冲装置）、主管（PVC 塑料管）、支管（PVC 塑料或橡胶软管）、微孔曝气管（新型高分子材料制成）等组成（如图 3－1 所示）。主机常用功率有 7.5 千瓦、5.5 千瓦、3.0 千瓦、2.2 千瓦、1.5 千瓦。主机连接储气缓冲装置、储气缓冲装置连接主管、主管连接支管、支管（橡胶软管）连接曝气管。

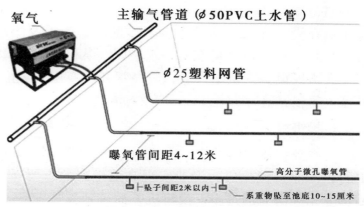

图 3－1　微孔增氧结构示意图

3. 安装

安装方式主要有两种：一是盘式安装法。配备功率为 0.1～0.15 千瓦/亩，将曝气管固定在用钢筋（直径为 4～6 毫米）做成的盘框上，曝气管盘的总长度 15～20 米，安装 3～4 只/亩；曝气管盘总长度 30 米，装 2～3 只/亩，并固定在离池底 10～20 厘米处。二是条式安装法。配备功率为 0.1 千瓦/亩，曝气管总长度为 60 米左右，管间距为 10 米左右，高低相差不超过 10 厘米，并固定在离池底 15～20 厘米处。微孔增氧设备的安装应于3月底前完成。

4. 使用方法

根据水体溶氧变化的规律，确定开机增氧的时间和时段。一般4~5月，阴雨天半夜开机；6~10月下午开机2~3小时，日出前后开机2~3小时，连续阴雨或低压天气，夜间21：00~22：00开机，持续到第2天中午；养殖后期，勤开机，促进水产养殖对象生长。有条件的进行溶氧检测，适时开机，以保证水体溶氧在6~8毫克/升为佳。

5. 注意事项

主机在设置安装时应注意通风、散热、遮阳及防淋。曝气管（盘）安装应保持在同一水平面，以利供气增氧均衡。微孔增氧设备安装结束后，应经常开机使用，防止微孔堵塞。每年养殖周期结束后，应及时清洗。

二、投饵机

随着经济和技术的发展，传统渔业向现代渔业转变势在必行，渔业机械化成为渔业实现高效生产的重要保证。随着渔业相关研究的进步，投饵机方面得到长足发展，从先前的人工投饵，发展成机械化投饵，再发展成如今的智能定时投喂等。

表3-2 不同投饵机性能简介

序号	型号	功能
1	鱼塘撒料机型号：RL031939	振动式鱼塘半自动投饵机、投饲机、投料机、投饵机。容量有80千克（二包料）、120千克（三包料）调速式网箱专用容量80千克（二包料）及配件有小电机60瓦、大电机120瓦、投料盘等；投料距离3~20米、适合10亩以下使用

续表

序号	型号	功能
2	鱼塘专用自动投料机、投饵机、喂鱼器、投饲机，料箱容量 120 千克型号：RL031942	此款为电瓶式（12 伏）振动式投料机投饲机链接，是用电瓶带动的，不含电瓶（注：电瓶式投料机要是接 220 伏民用电可以用转换器）。交流电的投料机另外有链接。自动投料机、投饵机，电源电压是 220 伏机器，不得接入 380 伏电压，也不可使用电瓶。使用电瓶的不得接入 220 伏交流电。功率有 70 瓦、120 瓦，容量有 40 千克、65 千克、100 千克、120 千克、200 千克，可以定做更大容量的机器
3	鱼塘投饵机饲料机、颗粒机、颗粒饲料投喂、定时喂饲机，大面积投饲型号：RL031941	STLZS－120W/120KG 型振动式渔塘自动投饲机的箱体采用全塑箱，其优点在于：①提供一种以塑代钢箱，节约钢材；②简化加工、制造、浸镀或油漆工序，减少工时和动力消耗，缓解环境污染；③产品表面光亮平滑，色彩鲜艳，不变色、不锈蚀、抗老化、不变形、易清洗；④箱的各部件采用 PP 或 ABS 材料经高压喷射注塑成型，根据用户的不同需求，选用多种色母，制造成多种色彩的箱体；⑤采用塑料安全性能好；⑥该机能替代人工自动定时、定量喷
4	鱼塘投饵机型号：RL031946	整机全部开模生产，外壳采用 PP 工程塑料，韧性强，抗高温，不变形，不生锈，防漏电，防雷击，防老化更长久。电源：220/50 赫兹；电机功率：120 瓦；电机转速：2 800 转/分；总功率：150 瓦；抛料面积：max500 平方米，最远射程 10 米，一般射程在 8 米左右。建议单独搭建木桥机器长宽高分别为 55 厘米、55 厘米、80 厘米。功能：无料 3 分钟停机，投料量大小可调，最大投料量 5 分钟/包，投料时间 1～16 秒可调，间隔 1～16 秒可调。建议搭桥摆饲料投喂机，免得造成饲料的浪费

续表

序号	型号	功能
5	鱼塘投饵机投饲机投料机 型号：RL031947	此款为电瓶式（12伏）振动式投料机投饲机链接，是用电瓶带动的，不含电瓶不含电瓶（注：电瓶式投料机要是接220伏民用电可以用转换器）。交流电的投料机另外有链接。鱼塘自动投饲机投饲机投料机振动式投饲机、电瓶式投饲机，电源电压是220伏机器，不得接入380伏电压，也不可使用电瓶。使用电瓶的不得接入220伏交流电。功率有70瓦、120瓦，容量有40千克、65千克、100千克、120千克、200千克，可以定做更大容量的机器

安装投饵机要选择适合的位置，应面对鱼池的开阔面，这样投饵面宽；水位要深，以利鱼抢食。两池并列可共用一个投饵机，底盘做成活动的，转个向即可；调好投撒的远近距离及间隔时间。

三、水泵

水泵种类、大小和功能各不相同，但是鱼池使用的规格有一定的要求。通常流水养殖的成本最低效果也好，但是这种条件不是每个养殖户都具备。水，作为水产养殖的核心载体，对水产养殖有着显著的制约作用，因此水源问题十分重要。

非流水养殖情况下，池塘需要添加新水或者干旱季节等都需要用水泵进行抽水。水泵的功率根据养殖面积、水量需求、高程等实际情况等确定。通常鱼池间抽水用的水泵500～1 000瓦即可满足要求，大型场地需要750～5 000瓦的大型水泵。

水泵安装，采用常规的方法：先搭建抽水机房，然后安装电机或者柴油机等设备，接着铺设输水管道即可。安装的位置，以靠近水源、方便管理为原则。

职业能力测试

1. 简述增氧机的种类和不同增氧机的适用对象。
2. 简述投饵机的优点和缺点。
3. 论述投饵机的种类。

第四章 池塘养殖鱼类的选择

一、主要养殖鱼类

青鱼、草鱼、鲢鱼、鳙鱼是我国传统的四大家鱼，是池塘养殖最主要的鱼种，随着配合饲料的开发生产、饲养管理技术的进步，鲤、鲫、鲂等鱼的养殖量大幅增长，已成为除四大家鱼外主要的池塘养殖鱼种。这些鱼种养殖成本低、生长快、肉味美、适应性强，并且饲料容易获得，具有很高的经济价值，在长期的养殖过程中已逐渐成为池塘养殖的主要鱼类。

（一）青鱼

1. 形态特征与分布

青鱼俗称青棒、螺蛳青、钢青、黑鲩、青鲩、乌青、青鲲、黑鲲、乌鲩、青根鱼等，属鲤形目鲤科雅罗鱼亚科青鱼属。青鱼体延长，略呈圆筒形，头稍尖，顶部较平，口端位，呈弧形无须，上颌骨后端伸达眼前缘下方，腹部平圆，无腹棱，尾部稍侧扁，其外形见图 4－1。眼间隔约为眼径的 3.5 倍，鳃耙 15～21 个，短小，乳突状。咽齿一行，4（5）/5（4），左右一般不对称，齿面宽大，臼状。体色呈青灰色，背部较深，腹部呈灰白色，各鳍均为灰黑色，偶鳍尤深。背鳍由 3 枚硬棘、7～9 枚软条组成，臀鳍由 3 枚硬棘、8～12 枚软条组成。鳞大，圆形，侧线鳞 39～45。

青鱼是我国传统养殖的四大家鱼之一，具有生长速度快、产量高、肉味鲜美的特点，深受人们的喜爱。青鱼主要分布于我国长江以南的平原地区，长江以北较稀少；它是长江中、下游和沿江湖泊里的重要渔业资源和各湖泊、池塘中的主要养殖对象，尽管其产量不及草鱼、鲤鱼、鲫鱼等，但其养殖生产发展十分迅速。

图4－1　青鱼

2. 食性

青鱼习性不活泼，通常栖息在水的中下层，青鱼属肉食性鱼类，食物以螺蛳、蚌、蚬、蛤等为主，亦捕食少量水生昆虫和节肢动物。青鱼日摄食量通常为体重的40%左右，环境条件适宜时可达60%～70%。仔鱼体长7～9毫米时进入混合性营养期，此时一面继续利用自身的卵黄，一面开始摄食轮虫和无节幼虫等；10～12毫米时，主要摄食枝角类、桡足类和摇蚊幼虫等；体长达30毫米左右时食性渐渐分化，开始摄食小螺类。

3. 生长特性

青鱼在四大家鱼中生长速度最快，体长生长最快为1～2龄，3～4龄开始减缓，5龄开始急剧下降。体重增长在3～4龄最快，以后仍然持续增长，一般2～3冬龄可达3～5

千克，最大个体可达 70 千克。一般雌性生长比雄性快，雌性的平均体长和体重均大于雄性。青鱼生长的最适温度为 22～28℃，在 0.5～40℃ 水温范围内均能存活。喜微碱性清瘦水质。

4. 繁殖特性

青鱼性成熟的年龄一般为 4～5 龄，雄鱼提早 1～2 龄。雌鱼成熟个体一般长约 1 米，重约 15 千克，雄鱼成熟个体一般长约 0.9 米，重约 11 千克。繁殖季节为 5～7 月，生殖期间，雄鱼的胸鳍内侧、鳃盖及头部出现珠星，雌鱼的胸鳍则光滑无珠星。绝对怀卵量每千克体重平均为 10 万粒（成熟系数 14% 左右）；经人工催产每千克体重约可获卵 5 万粒。卵漂流性，卵膜透明，卵径 1.5～1.7 毫米，吸水膨胀后可达 5.0～7.0 毫米。胚胎发育最适温度范围为 18～30℃，最适温度为 26℃ 左右，低于 18℃ 或高于 30℃ 容易引起发育停滞或畸形。在水温为 21～24℃ 时约 35 小时可孵出仔鱼。初孵仔鱼淡黄色，长 6.4～7.4 毫米，略弯曲。

5. 鱼种放养

鱼种宜在 2 月底前后放养结束，因此时水温较低，鱼的鳞片较紧，拉网、搬运等操作鱼种不易受伤。放养前 2 周用生石灰清塘，干水清塘亩用生石灰约 100 千克，带水清塘亩用生石灰约 150 千克，挖除过多的淤泥和螺蛳壳。鱼种放养前 1 周，池塘进水 1 米深，后逐步加水。鱼种放养前需要消毒处理，常用的消毒方法有用浓度 2%～4% 食盐水，浸洗 5～10 分钟，主要防治白头白嘴病、烂鳃病。用浓度 8 克/米³ 的硫酸铜，浸洗 20 分钟，主要预防鱼波豆虫病、车轮虫病等，杀灭寄生体表的原生动物病原体。用浓度 10～20 克/米³ 的漂白粉，浸洗 10 分钟左右，或用 1.6×10^3 万单位/米^3 的青霉素浸泡 5 ~ 10 分钟，能防治各类细菌性疾病。

　　鱼种放养前必须试水，即将准备放鱼的池水用桶或盆子装好，再将小鱼苗放入此容器中，4 ~ 8 小时后，鱼苗正常生活，证明放鱼安全。鱼种下池前，必须将其装运鱼的水体温度与池水温度进行调整，使其水温一致。其方法是：把池水逐步舀入装鱼的容器中，慢慢地将温度调节到一致，两种水体温度相差不超过 2℃，此时方可将鱼苗鱼种放入池内。

　　（二）草鱼

　　1. 形态特征与分布

　　草鱼俗称鲩鱼、油鲩、草鲩、白鲩、草鱼、草根、厚仔鱼、海鲩、混子、黑青鱼等，在分类学上属鲤形目鲤科雅罗鱼亚科草鱼属。草鱼体延长，体略呈圆筒形，头部稍平扁，尾部侧扁，其体较长，腹部无棱，口呈弧形，无须，上颌略长于下颌，其外形见图 4－2。咽齿梳状，下咽齿二行，侧扁，呈梳状，齿侧具横沟纹，吻非常短，长度少于或者等于眼直径，眼眶后的长度超过一半的头长。体青黄色，背部青灰，腹部灰白，胸、腹鳍略带灰黄，其他各鳍浅灰色，背鳍和臀鳍均无硬刺，背鳍和腹鳍相对。

图 4－2　草鱼

草鱼主要栖息于江河、湖泊的中、下层，一般喜居于水的中下层和近岸多水草区域，性活泼，游泳迅速，常成群觅食。主要分布于我国长江、珠江和黑龙江三大水系，是目前世界上产量最高的淡水鱼类，也是中国淡水养殖的四大家鱼之一，已经有 1 700 多年的养殖历史。

2. 食性

草鱼性情活泼，常成群觅食，性贪食，为典型的草食性鱼类。草鱼幼鱼期食昆虫、蚯蚓、藻类和浮萍等，草鱼从幼鱼体长 5 厘米起开始吃草，体长约 10 厘米以上时，可摄食高等植物，以禾本科植物为主，体重 250 克以上的草鱼，每条每天的食草量可以达到 125 ~ 180 克。草鱼在自然水域主要取食水草，在池塘无公害养殖中，以投喂颗粒饲料为主，饲料蛋白质含量在 28% ~ 32%，辅投青绿饲料。一般每天投喂 2 次，以 2 小时内吃完、草鱼摄食八成饱为宜。投喂草鱼的草料，应尽量选用鲜嫩草料，鲜嫩草料营养丰富、纤维素少、易被消化，草鱼摄食鲜嫩草料，可使草鱼生长速度快，生病少，也可以减少饲料投喂量，降低养殖成本，提高经济效益。草料的种类应为平行脉的长叶青嫩草，不宜投喂草鱼厌食的网状脉的团叶草料，以投喂种植的黑麦草、苏丹草等牧草和采集的野生长叶嫩草为好。

3. 生长特性

草鱼生长迅速，个体大，就整个生长过程而言，体长增长最迅速时期为 1 ~ 2 龄，体重增长则以 2 ~ 3 龄为最迅速，当 4 ~ 5 龄鱼达性成熟后，长度生长明显减弱。草鱼在 1 ~ 3 龄雌雄个体的生长速度相似，4 龄后雌鱼的生长体长和体重增长都比雄鱼大。通常 1 冬龄鱼体长为 340 毫米左右，体重为 0.75 千克左右；2 冬龄鱼体长为 600 毫米左右，体重 3.5 千克左右；3 冬龄鱼体长为 680 毫米左右，体重 5 千克左右；4 冬龄鱼体长为 740 毫米左右，体重 7 千克左右；5 冬龄鱼体可达 780 毫米左右，体重 7.5 千克左右；最大个体可达 35 千克左右。

4. 繁殖特性

草鱼在自然条件下，不能在静水中产卵。产卵地点一般选择在江河干流的河流汇合处、河曲一侧的深槽水域、两岸突然紧缩的江段为适宜的产卵场所。生殖期为 4~7 月，比较集中在 5 月间。一般江水上涨来得早且猛，水温又能稳定在 18℃左右时，草鱼产卵即具规模。草鱼的生殖习性和其他家鱼相似，达到成熟年龄的草鱼卵巢，在整个冬季（12 月至翌年 2 月）以Ⅲ期发育期阶段越冬；在 3~4 月份水温上升到 15℃左右，卵巢中的Ⅲ期卵母细胞很快发育到Ⅳ期，并开始生殖洄游，在溯游过程中完成由Ⅳ期到Ⅴ期的发育，在它溯游的行程中如遇到适宜于产卵的水文条件刺激时，即行产卵。通常产卵是在水层中进行，鱼体不浮露水面，习称"闷产"；但遇到良好的生殖生态条件时，如水位陡涨并伴有雷暴雨，这时雌、雄鱼在水的上层追逐，出现仰腹颤抖的"浮排"现象。卵受精后，因卵膜吸水膨胀，卵径可达 5 毫米左右，顺水漂流，最适孵化温度在 20℃左右，大约 30~40 小时可孵出鱼苗。

5. 鱼种放养

鱼塘放养一般在春节前后，水温 6℃左右时投放。鱼种放入前须经消毒处理，具体方法参考青鱼放养前消毒方法。

（三）鲢

1. 形态特征与分布

鲢鱼俗称白鲢、水鲢、跳鲢、鲢子，属于鲤形目鲤科
鲢属，是中国传统的四大家鱼之一。在我国各地区均有分
布，是我国淡水鱼中分布最广泛的鱼类之一，主要生活在
水体表层。鲢鱼味甘，性平，无毒，肉质鲜嫩，营养丰富，
是较宜养殖的优良鱼种之一。鲢鱼是人工饲养的大型淡水
鱼，生长快、疾病少、产量高，多与草鱼、鲤鱼混养。其
性情活泼，喜欢跳跃，有逆流而上的习性，但行动不是很
敏捷，比较笨拙。鲢鱼喜肥水，个体相仿者常常聚集群游
至水域的中上层，特别是水质较肥的明水区。耐低氧能力
极差，水中缺氧马上浮头，有的很快便死亡。

图 4 - 3　鲢鱼

鲢鱼体形侧扁，稍高，呈纺锤形，背部青灰色，两侧
及腹部白色，各鳍色灰白。头大，为体长的 1/4。吻短，钝
圆，口宽。眼小，位于头侧中轴之下，其外形见图 4 - 3。
咽头齿 1 行，草履状而扁平。鳃耙特化，愈合成一半月形海
绵状过滤器。腹部狭窄，腹部正中角质棱自胸鳍下方直延
达肛门。体被小圆鳞，侧线鳞数 108 ~ 120。胸鳍不超过腹
鳍基部，胸鳍起点距胸鳍比距臀鳍为近，长不达肛门；广

弧形下臀鳍，中等长，起点在背鳍基部后下方；尾鳍深叉状。腹腔大，腹膜黑色；鳔2室，前室长而膨大，后室末端小而呈锥形。

2. 食性

鲢鱼是典型的食浮游生物的鱼类，靠鳃的特殊结构滤取水中的浮游生物，终生以浮游生物为食。鲢鱼属中上层鱼类，春夏秋三季，绝大多数时间在水域的中上层游动觅食，冬季则潜至深水越冬。鲢鱼在鱼苗阶段主要吃浮游动物，长达1.5厘米以上时逐渐转为吃浮游植物，鲢鱼喜食腐烂食物，常与草鱼搭配饲养鲢鱼吃草鱼的粪便，并喜食投放的鸡、牛粪。鲢鱼对酸味食物很感兴趣，对糟食也很有胃口，亦吃豆浆、豆渣粉、麸皮和米糠等，更喜吃人工微颗粒配合饲料。鲢鱼的饵食有明显的季节性，春秋除浮游生物外，还大量地吃腐屑类饵料；夏季水位越低，其摄食量越大；冬季越冬少吃少动。适宜在肥水中养殖。肠管长度约为体长的6~10倍。食欲与水温成正比，鲢鱼喜高温，最适宜的水温为23~32℃，炎热的夏季，鲢鱼的食欲最为旺盛。

3. 生长特性

生长速度快、产量高。在池养条件下，如果饵料充足的话，当年鱼可长到500~800克，三龄鱼体重可达3~4千克，在天然河流中体重最大，可达30~40千克。耐低氧能力极差，水中缺氧马上浮头，有的很快便会死亡。

4. 繁殖特性

鲢鱼的性成熟年龄较草鱼早1~2年。成熟个体也较小，一般3千克以上的雌鱼便可达到成熟。5千克左右的雌鱼相对怀卵量4万~5万粒/千克体重，产漂浮性卵，产卵期与草鱼相近，每年4~5月产卵，绝对怀卵量20万~25万粒。

5. 鱼种放养

鳙鱼属于套养鱼类，套养在主养鲤鱼、鲫鱼、草鱼、团头鲂的池塘中，鱼苗放养一般在5月中、下旬，池水温稳定在18℃以上时，为适宜投放时间。一般鳙鱼乌仔，投放密度为每平方米3~5尾；投放越冬鱼种规格为100~200克/尾，放养密度为0.4~0.5尾/米³。

（四）鳙

1. 形态特征与分布

鳙鱼又叫花鲢、胖头鱼、包头鱼、大头鱼、黑鲢、麻鲢，属于鲤形目鲤科鳙属，有"水中清道夫"的雅称，是中国传统的四大家鱼之一。其外形似鲢鱼，体型侧扁。头部较大而且宽，头长约为体长的1/3。吻短而圆钝；口大，端位，口裂向上倾斜，下颌稍突出，口角可达眼前缘垂直线之下，上唇中间部分很厚。无须。眼小，且眼位底，位于头前侧中轴的下方；眼间宽阔而隆起。鼻孔近眼缘的上方，其外形见图4-4。下咽齿平扁，表面光滑。鳃耙数目很多，呈页状，排列极为紧密，但不连合，具发达的螺旋形鳃上器。鳞小，侧线完全，在胸鳍末端上方弯向腹侧，向后延伸至尾柄正中。鳙鱼背鳍基部短，起点在体后半部，位于腹鳍起点之后，其第1~3根分枝鳍条较长。胸鳍长，末端远超过腹鳍基部。腹鳍末端可达或稍超过肛门，但不达臀鳍。肛门位于臀鳍前方。臀鳍起点距腹鳍基较距尾鳍基为近。尾鳍深分叉，两叶约等大，末端尖。鳔大，分两室，后室大，为前室的1.8倍左右，肠长为体长的5~7倍，腹膜黑色。雄性成体的胸鳍前面几根鳍条上缘各具有 1 排角质"栉齿"，雌性无此性状或只在鳍条的基部有少量"栉齿"。背部及体侧上半部微黑，体测深褐带有许多不规则的黑色或黄色花斑；腹部灰白色；各鳍呈浅灰色，上有许多黑色小斑点。

图 4-4　鳙鱼

鳙鱼生长在淡水湖泊、河流、水库、池塘里，多分布在水域的中上层。鳙鱼是中国特有鱼类，在中国分布范围很广，在中国从南方到北方几乎淡水流域都有，是我国池塘养殖及水库渔业的主要对象之一，经济价值较高。鳙鱼为温水性鱼类，适宜生长的水温为 25～30℃，能适应较肥沃的水体环境。幼鱼及未成熟个体一般到沿江湖泊和附属水体中生长。鳙鱼性温驯，不爱跳跃。

2. 食性

鳙鱼是典型的浮游生物食性的鱼类，主要吃轮虫、枝角类、桡足类（如剑水蚤）等浮游动物，也吃部分浮游植物（如硅藻和蓝藻类）和人工饲料。

3. 生长特性

在天然河流和湖泊等水体中，通常可见到 10 千克以上的个体，最大者可达 50 千克。池塘养殖时，饲料充足的条件下，1 龄鱼可重达 0.8~1 千克。

4. 繁殖特性

鳙性成熟一般为 4~5 龄，雄鱼最小为 3 龄，性成熟个体较小，一般 3 千克以上的雌鱼便可达到性成熟。繁殖期一般在 4~7 月，鳙鱼性成熟时到江中产卵，产卵后大多数个体进入沿江湖泊摄食肥育，冬季湖泊水位跌落，它们又回到江河的深水区越冬，翌年春暖时节则上溯繁殖。产卵场多在河床起伏不一，当河水流域降雨，水位陡然上涨、流速加大时进行繁殖活动。人工繁殖催产季节多在 5 月初至 6 月中旬，鳙鱼的怀卵量较大，5 千克左右的雌鱼每千克体重相对怀卵量 4 万~5 万粒，绝对怀卵量 20 万~25 万粒，产漂流性卵，产卵期与草鱼相近。

5. 鱼种放养

苗种放养时间应选择在水温 5~10℃ 的冬季或初春时进行。此时有利于鱼种的高密度运输，可以减轻运输中的伤亡；鱼种和凶猛鱼类的活动能力减弱，凶猛鱼类对放养鱼种的危害也相对减轻。放养天气应选择在风和日丽的日子，不要在刮大风、下雪、结冰的日子放养。鱼种放养前必须进行鱼病检疫和鱼种消毒，主要消毒方法参考青鱼鱼种放养。

（五）鲤

1. 形态特征与分布

鲤鱼又称鲤拐子、鲤子、毛子、红鱼等，属于鲤形目鲤科鲤属，是在亚洲原产的温带性淡水鱼。鲤鱼身体侧扁而腹部圆，鳞大，口呈马蹄形，口腔的深处有咽喉齿，上腭两侧各有二须，背鳍基部较长，背没有脂鳍，鳍和臀鳍均有一根粗壮带锯齿的硬棘，体侧金黄色，尾鳍下叶橙红色，见图4－5。鲤鱼平时多栖息于江河、湖泊、水库、池沼的水草丛生的水体底层。鲤鱼的种类很多，约有2 900种。鲤鱼经人工培育的品种很多，如红鲤、团鲤、草鲤、锦鲤、火鲤、芙蓉鲤、荷包鲤等。其适应性强，耐寒、耐碱、耐缺氧，鲤鱼是淡水鱼类中品种最多、分布最广和产量最高者之一。

图4－5 鲤

2. 食性

鲤鱼属于底栖杂食性鱼类，荤素兼食，饵料广泛，吻骨发达，常拱泥摄食。鲤鱼又是低等变温动物，体温随水温变化而变化，无须靠消耗能量以维持恒定体温，所以需饵摄食总量并不大。同时，鲤鱼与多数淡水鱼一样属于无胃鱼种，且肠道细短，新陈代谢速度快，故摄食习性为少吃勤食。鲤鱼的消化功能同水温关系极大，摄食的季节性很强。冬季基本处于半休眠停食状态，体内脂肪一冬天消耗殆尽，春季一到，便急于摄食高蛋白食物予以补充。深秋时节，冬季临近，为了积累脂肪，也会出现一个"抓食"

高峰期，而且也是以高蛋白饵料为主。

3. 生长特性

在饲养条件下，长度平均35厘米左右，但最大可超过100厘米，体重最大可达22千克以上。鲤鱼生长很快，一般1～2龄即可上市，体重可达1～1.5千克。

4. 繁殖特性

鲤鱼是淡水养殖的主要对象，其繁殖季节为4～6月，鲤鱼生长很快，雌鱼3龄左右可达到性成熟，体重约1.5～5千克，正常情况下相对怀卵量平均为18万粒/千克。雄鱼一般2～3龄达到性成熟，体重约1.0～2.5千克。鲤鱼春天产卵，雌鱼常在浅水带的植物或碎石屑上产大量的卵，受精卵在3～4天后孵化。鲤鱼在流水或静水中均能产卵，产卵场所多在水草丛中，卵黏附于水草上发育。

5. 鱼种放养

鱼种放养的品种、规格、数量应依据预期达到的成鱼产量指标、商品鱼的规格以及池塘和生产的实际条件而定。放养时间一般在头年秋后或当年春，水温8～10℃时进行；提早放养鱼种一般是冬天或早春放养，当年夏花鱼种在5、6月放养，放养的鱼种要求体质健壮，同塘放养的要求规格整齐，一次放足。放种前池塘清整与施肥，可用生石灰干法清塘，亩用量100～150千克，亩施基肥（以发酵鸡、牛粪为好）150～400千克，以后整个养殖过程中不再施肥。

（六）鲫

1. 形态特征与分布

鲫鱼简称鲫，俗名鲫瓜子、月鲫仔、土鲫、细头、鲋鱼、寒鲋，属于鲤形目鲤科鲫属。鲫鱼头像小鲤鱼，形体黑胖（也有少数呈白色），根据生长水域不同，体色深浅有差异。肚腹中大而脊隆起，腹部为浅白色，背部为深灰色。体长15～20厘米，呈流线型（也叫梭形），体高而侧扁，前半部弧形，背部轮廓隆起，尾柄宽；腹部圆形，无肉稜。头短小，吻钝，无须，其外形见图4－6。下咽齿一行，扁片形，鳃耙长，鳃丝细长，呈针状，排列紧密，鳃耙数100～200个。鳞片大，侧线微弯。背鳍长，外缘较平直；背鳍、臀鳍第3根硬刺较强，后缘有锯齿；胸鳍末端可达腹鳍起点；尾鳍深叉形体背银灰色而略带黄色光泽，各鳍灰白色。鲫鱼原分布于中国的江河、湖泊、池塘等水体中等，后引进世界各地的淡水水域。鲫鱼分布广泛，以2～4月份和8～12月份的鲫鱼最为肥美，为我国重要食用鱼类之一。最大体长约30厘米，栖息深度为0～20米，鲫鱼适应性非常强。

常见地方品种有滇池高背鲫、方正银鲫、彭泽鲫和淇河鲫鱼等。杂交品种主要有异育银鲫、湘云鲫和杂交鲫鱼。异育银鲫它是以方正银鲫为母本，以兴国红鲤为父本，人工交配所得的子代，异育银鲫比普通鲫鱼生长快2～3倍，生活适应能力强，疾病少，成活率高，既能大水面放养，又能池塘养殖，是非常好的人工繁育品种。杂交鲫鱼是以方正银鲫为母本，太湖野鲤为父本"杂交"而获得的子代，它杂交优势明显，具有适应性强、生长快、个体大、食性广、病害少、肉味鲜美等优点，是一种经济效益和社会效益都较好的养殖新品种。湘云鲫是应用细胞工程技术和有性杂交相结合的方法培育出来的三倍体新型鱼类，性腺不育湘云鲫、湘云鲤为异源三倍体新型鱼类，自身不能繁育，可在任何淡水渔业水域进行养殖，不会造成其他鲫、鲤鱼品种资源混杂，也不会出现繁殖过量导致商品鱼质量的下降，具有生长速度快、杂食性、摄食力强、养殖成本低、成活率高、抗病力强、耐低温低氧、体形美观、肉质鲜嫩、营养价值高等特点。

图 4 - 6　鲫

2. 食性

成鱼鲫鱼主要以植物性食料为主，维管束水草的茎、叶、芽和果实是鲫鱼爱食之物，在生有菱和藕的高等水生植物的水域，鲫鱼最能获得各种丰富的营养物质。硅藻和一些状藻类也是鲫鱼的食物，另外还有小虾、蚯蚓、幼螺、昆虫等。鲫鱼的采食时间依季节不同而不同，春季为采食旺季，昼夜均在不断地采食；夏季采食时间为早、晚和夜间；秋季全天采食；冬季则在中午前后采食。鲫鱼饲料粒径的选择标准"就小不就大"。一般鲫鱼规格在 10 克/尾以下时，饲料粒径选 0.5 毫米；10～30 克/尾时选 1.5 毫米；75～100 克/尾时选 2.0 毫米；150～300 克/尾时选 2.4 毫米；300 克/尾以上时选 3.2 毫米。鱼的摄食能力受到鱼的规格及池塘水温的直接影响，故投饲率应根据实际情况随机调整。

3. 生长特性

鲫鱼生长缓慢，野生鲫鱼从 5~6 月孵化出来到当年冬季可以长到 20~30 克，从冬季到次年夏季可达 100~150 克左右，次年生长更加缓慢。人工饲养条件下，一般情况下 5~6 月孵化出来的鲫鱼到冬季可以长到 250~300 克。不同鲫鱼品种的生长速度存在较大差异，一般主养的鲫鱼以异育银鲫、彭泽鲫、湘云鲫为主，其中又以湘云鲫生长速度最快，其次为异育银鲫，最后为彭泽鲫。但彭泽鲫外观优于其他品种，出口商品鲫仍以彭泽鲫鱼为主，一般情况下，当年繁殖的彭泽鲫鱼苗经 6 个月左右的生长，平均体长可达 19 厘米以上，体重可达 200 克左右。

4. 繁殖特性

一般情况下，鲫鱼 1 冬龄以上即可达到性成熟，产卵时间视水温决定，水温在 18~21℃ 时，就可大批产卵；鲫鱼的繁殖季节一般为 3 月下旬至 5 月上旬。不同品种的鲫鱼繁殖性能差异较大，其中彭泽鲫 1 冬龄即可达到性成熟，雌性性成熟个体体重在 170 克以上，成熟系数为 14.8%；雄性性成熟个体体重相对比雌性个体来说要较小，其性成熟系数为 4.3%~4.67%。彭泽鲫相对怀卵里为 151 粒/克鱼体重，产黏性端黄卵，属多次性产卵类型，产出的卵一经与水接触即产生黏性，并吸水膨胀，凭借卵膜的黏性黏附在水草或水面悬浮物上，刚产出的卵，卵径在 1 毫米左右，吸水膨胀后卵径可达 1.5 毫米左右。受精卵无色透明，未受精的卵呈乳白色，不久即自融解体。当水温在 18~20℃ 时，

从受精到孵化出膜需 53 小时左右；当孵化水温在 16~17℃
时，孵化需 143 小时左右。刚孵化出的仔鱼尾部先出膜，出
膜仔鱼全长约 3 毫米。每年的 3~7 月为彭泽鲫的繁殖期，4
月为繁殖盛期。在南方地区，一般 3 月中旬以后，水温上升
到 17℃ 左右时，彭泽鲫开始产卵，水温升至 20~24℃ 时繁
殖活动最盛。

5. 鱼种放养

鲫鱼在池塘中养殖，主要采用在成鱼池中混养、鱼种
池套养、亲鱼池套养和池塘主养等四种养殖方式。鲫鱼放
养时间宜早不宜迟，一般在主养当年孵出的鱼种分塘转入
过冬鱼种培育时，就应立即放入当年孵出的鲫鱼种养殖，
即冬季放养较春季放养效果好，放养规格宜大不宜小，放
养密度每亩水面 150~250 尾。鲫鱼的养殖池塘要求不高，
一般水深 1.5 米以上，池底有 10~15 厘米厚的淤泥的池塘
最佳。池塘的清理、消毒、施基肥等均按常规方法进行。

（七）鲂

1. 形态特征与分布

鲂鱼又称三角鳊、乌鳊、平胸鳊、法罗鱼，属于鲤形
目鲤科鲂属。体高而侧扁，头后背部急剧隆起，体呈菱形，
腹棱自腹鳍基部至肛门，头短小，口小端位，口裂斜至鼻
孔下方。上下颌等长，其上盖有坚硬的角质，易脱落。眼
侧位，至吻端的距离较至鳃盖后经级的距离为近，其外形
见图 4-7。下咽齿 3 行。背鳍起点位于腹鳍基部稍后方，
具有强大而光滑的硬刺，背鳍高度显著大于头长；胸鳍可
达腹鳍的基部，腹鳍仅伸至肛门；基部长，无硬刺，起点
在背鳍基部末端正下方，尾鳍深分叉，下叶较上叶稍长。

鳔3室，前室最大，腹膜灰色或灰黑色。体呈青灰色，头背面及体背部较深，侧面为灰色，常有浅绿色泽，整个体侧呈现出一行行紫黑色条纹，腹面银灰各鳍呈现灰色。除西北等高原地区处，我国各大河流、湖泊中均有分布。在天然水域中，鲂鱼多见于湖泊，较适于静水性生活，为中、下层鱼类、栖息于底质为淤泥或石砾的敞水区，一般群集在深水的石隙中越冬。

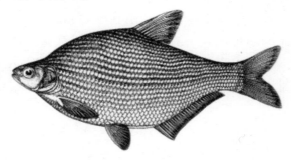

图4－7　鲂

2. 食性

杂食性，而以植物为主。幼鱼主要食浮游动物，其次是淡水甲壳类、昆虫和软体动物的幼体，以及少量水生植物。鱼种及成鱼以苦草、轮叶黑藻、眼子菜等沉水植物为食，其次是湖底植物的碎屑、淡水海绵、丝状绿藻、马来眼子菜、菹草和聚草，个别的也摄食水生昆虫、螺蚬类、虾和小鱼，食性较广。鲂鱼的食性和草鱼相似，所以能经济地利用天然水域中的饵料资源，同时也能摄食人工饲料，促进成鱼的生长。

3. 生长特性

在水草较茂盛的条件下，鲂鱼生长较快，一般1冬龄体重可达 200 克，2 冬龄能长到 500 克以上。最大个体可达 3 ~ 5 千克。它具有性情温顺、易起捕、适应性强、疾病少等优点，它的生长速度在 3 龄以前较快，以后逐渐减慢。

4. 繁殖特性

鲂鱼 2 ~ 3 龄可达性成熟，繁殖季节比鲤、鲫鱼稍迟，比家鱼稍早。长江中下游地区多在 4 月底至 6 月初，即水温在 20 ~ 29℃的时节为产卵期。在湖泊中，于水生植物繁盛的场所产卵，受精卵具黏性，附在水草或其他物体上发育。池塘培育的鲂鱼亲鱼，在繁殖季节，如有微流水或其他条件刺激，能造成不集中的自然产卵。所以每年开春后，就要将雌雄亲鱼分开培育，届时人工催情，集中成批繁殖，生产鱼苗。

5. 鱼种放养

鲂鱼苗细小娇嫩，操作时要细致小心。鱼苗下塘时，水质不宜太肥，池水的透明度一般保持在 30 厘米左右。夏花的放养密度一般每亩 5 000 ~ 7 000 尾，再搭配养 10% ~ 20% 的鲢、鳙和青鱼夏花。也可以在主养鲢、鳙鱼种池内搭配放养 10% ~ 20% 的团头鲂。下塘初期，喂瓢莎、小浮萍和豆饼浆等，以后喂紫背浮萍、轮叶黑藻或切碎的新鲜旱草等。入冬时，一般可长到 12 ~ 15 厘米，成活率可达 90% 以上。在水深 1.5 ~ 2 米的池塘，每亩可放冬片鱼种 600 ~ 800 尾，配养鲢、鳙鱼种 200 ~ 300 尾。饲养一年鲂鱼个体可达 500 克左右。

二、名优鱼类

除主要养殖的鱼类外，还有很多适合池塘养殖的鱼类，尽管它们生长比家鱼更快，肉味比家鱼更鲜美，但由于其生产性能在某些方面存在明显的缺陷，故统称其为"名特优水产品"，本书中将这类鱼简称为名优鱼类。随着社会发展和人们生活水平的不断提高，名优鱼类市场发展迅猛，名优鱼类具有市场销售前景好，价位较高等特点。近年来，随着养殖技术的不断发展，许多名优鱼类都具有良好的苗种来源，苗种放养、水质调控、防病治病和拉捕运输等一系列技术也相对成熟，因此，进行名优鱼类养殖能获得较高的经济效益。适合四川地区养殖的名优鱼类主要有鲇鱼、中华倒刺鲃、长吻鮠、黄颡鱼、杂交鲟、岩原鲤、白甲鱼、圆口铜鱼、齐口裂腹鱼等。

（一）鲇鱼

鲇鱼即鲶鱼，又称作胡子鲢、黏鱼、塘虱鱼、生仔鱼。鲇鱼生长较快，肉质细嫩，刺少，肉多，味极鲜美，为优良的食用鱼类之一。鲇鱼的显著特征是周身无鳞，身体表面多黏液，头扁口阔，上下颌有四根胡须，体背及体侧在幼鱼多为黄绿色，成鱼多为灰褐色，腹面白色，各鳍为灰黑色，背鳍小，无硬刺，位于胶鳍的上前方，胸鳍圆，有一硬刺，腹鳍小，臂鳍小，臂鳍极长，臀鳍与尾鳍相连，见图4-8。鲇鱼性凶猛，栖息于江河缓流水域和湖泊中，白天多隐蔽，白昼潜伏水底泥中，夜晚出来活动，为中下层鱼类。鲇鱼为肉食性鱼类，经常伏身于水草丛生的水底，等候小鱼接近时张口吞食，也食虾类和水生昆虫。在很脏的水里生存得更好，长得很快。一年四季均产，以9~10月产者为最肥，产卵期在5~7月。

图 4-8　鲇鱼

（二）中华倒刺鲃

中华倒刺鲃又名青波，其肉质细嫩、味美，可口，肉
质爽、脆、口感特别鲜甜，含有人体所需的多种氨基酸，
有个体大、生长快、肉质好、食性杂等许多优良特点。中
华倒刺鲃具有较高的经济营养价值，民间有"一岩二鳊三
青波"的说法，其中青波就指中华倒刺鲃。中华倒刺鲃体
略侧扁，触须 2 对，侧线鳞 29～34，背鳍具带锯齿的硬刺，
其起点在腹鳍起点的前上方，在背鳍起点处向前有一平卧
的倒刺，埋于皮内，见图 4-9。中华倒刺鲃分布于长江上
游的干、支流，底栖性鱼类，性活泼，喜欢成群栖息于底
层多为乱石的流水中。冬季在干流和支流的深坑岩穴中越
冬，3 月份开始游向支流生长。3 龄性成熟，亲鱼于 4～6 月
间水位上涨时，即到水大而湍急的江段产卵，卵随水漂浮
孵化。中华倒刺鲃主要分布于四川省南充以及重庆市江津、
合川等地，一年四季均产。

图 4-9 中华倒刺鲃

（三）长吻鮠

长吻鮠又名江团、肥沱、鮠鱼，是主要分布于我国长江流域的名贵经济鱼类之一。长吻鮠是生活于江河的底层鱼类。觅食时也在水体中、上层活动，冬季多在干流深水处或水下乱石的夹缝中越冬。长吻鮠体延长，腹部深圆，尾部侧扁。吻长，似圆锥形，并向前显著地突出。口下位，呈新月形，唇肥厚。眼小，侧上位。须四对，均较短。上下颌上均具数行锋利的细齿。肩骨显著突出，位于胸鳍前上方。头顶部分或多或少裸露，体表裸露无鳞，侧线平直。背鳍具硬刺，其后缘有细锯齿，胸鳍刺很发达，后缘也有锯齿。在臀鳍的前上方有一肥厚的脂鳍。尾叉形，体色粉红，见图 4-10。长吻鮠营养丰富，无鳞、无细刺、肉嫩味美，其鳔肥厚可口，含大量蛋白质和多种维生素，被誉为淡水食用鱼中的上等品。长吻鮠的含肉率高达 74.2%，有13 种氨基酸含量均高于草鱼，其中谷氨酸和门冬氨酸分别高达 12.05% 和 8.51%。其鳔特别肥厚，干制的"鱼肚"是驰名中外的肴中珍品。长吻鮠常见个体重 2~4 千克，最大个体可达 10 千克以上，是同科鱼类中生长较快的一种，经济价值较高，养殖效益是普通家鱼的 3~6 倍。此外，其适宜养殖范围广，全国绝大部分地区均可养殖。

图4－10　长吻鮠

（四）黄颡鱼

黄颡鱼又称嘎牙子、黄嘎、黄姑子、黄腊丁、盎丝、昂刺鱼、昂弓等，属于鲇形目鲿科黄颡鱼属。黄颡鱼肉质细嫩、味道鲜美、鱼刺少、具有较高的营养价值，随着生活水平的提高，黄颡鱼已逐渐成为广大消费者青睐的名优水产品。随着黄颡鱼市场需求量不断增长，黄颡鱼的池塘养殖产量非常有限，已不能满足日益增长的市场需求。今年来黄颡鱼市场价格一直保持在较高水平，以此人工养殖黄颡鱼具有较好的市场前景。黄颡鱼体长约20厘米，腹面平直，体后半部侧扁，尾柄较细长。头大且扁平，吻短，圆钝，上、下颌略等长，口大，下位，两颌及腭骨上有绒毛状齿带。眼小，侧位。须4对，鼻须末端可伸至眼后，上颌须1对，最长，颐须2对，较上颌须短。体裸露无鳞，侧线完全，见图4－11。黄颡鱼的种类较多，有瓦氏黄颡鱼、岔尾黄颡鱼、盎塘黄颡鱼、中间黄颡鱼、细黄颡鱼、江黄颡鱼、光泽黄颡鱼等，不同品种的黄颡鱼外形存在一定差异。黄颡鱼为常见的中上型杂食性鱼类，主要以小鱼、浮游动物、螺蛳、昆虫为食，规格不同的黄颡鱼食性也有所不同。体长2～4厘米，主要摄食桡足类和枝角类；体长5

～8厘米的个体，主要摄食浮游动物以及水生昆虫；超过8厘米以上个体，摄食软体动物和小型鱼类等。黄颡鱼个体小，生长速度较慢，常见个体重200～300克，黄颡鱼雄鱼一般较雌鱼大，1～2龄鱼生长较快，以后生长缓慢。黄颡鱼2～4冬龄达性成熟，达性成熟的雄鱼在肛门后面有一个生殖突，而雌鱼则无。在南方4～5月产卵，在北方6月才开始产卵，是产卵较晚的鱼类之一，要求水温在20～30℃，产卵活动于夜间进行。

图4－11　黄颡鱼

（五）鲟鱼

鲟鱼又名腊子、鳇鱼，具有生长速度快、饲料转化率高、抗病力强、营养价值高、肌肉无杂刺等特点。一般在长江中、上游的深水区生活。鱼体延长，梭形，横断面略呈五边形。头楔形，吻端尖细，稍向上翘。尾部细长，胸部平直。头部背面遍布细的小乳状突起，十分粗糙；在幼小个体侧有明显的小刺。眼小，侧位。鼻孔大，位于眼的前方。口下位，能自由伸缩；身体被有五行骨板，背部的一行骨板最大。各行骨板之间的表皮遍布颗粒状的细小突起，触摸粗糙，幼小的个体更为显著。鳃弓肥厚，鳃耙细小呈薄征，排列紧密。背鳍位于身体后部，起点在腹鳍基部至臀鳍起点距离的中点的垂直上方。胸鳍位于胸部的腹面。尾鳍歪形，上叶特别发达。肛门靠近腹鳍基部。头背部灰褐色，腹面灰白色，各鳍呈青灰色，见图 4 - 12。鲟鱼是温和性肉食鱼类，终生喜食水蚯蚓、水蚤、蚊子幼虫、卤虫以及底层野杂鱼等。鲟鱼肉质细嫩而鲜美，刺少，骨碎，鳔和脊索可制鱼胶，为一大型经济鱼类，一年四季均产，9 ~ 11 月为生殖期。

图 4 - 12　鲟鱼

（六）岩原鲤

岩原鲤鱼体侧扁，背部隆起，腹部圆形，体呈暗黑色（仔鱼为银灰色）。每个鳞片后部有一黑斑，因此形成体侧有明显的黑色条纹 12 ~ 13 条，见图 4 - 13。因其具有体腔小，肉质厚而细嫩，刺少，味极鲜美的优点，故为人们喜食的上等鱼类。岩原鲤大多栖息在江河水流较缓、底质多岩石的水体底层，经常出没于岩石之间，冬季在河床的岩穴或深沱中越冬，立春后开始溯水上游到各支流产卵。最小成熟年龄为 4 龄，产卵期在 2 ~ 4 月，产卵盛期在 2 ~ 3 月，在长江上游渔业中，岩原鲤经济价值较高。因其肉质细嫩，味道鲜美，深受消费者喜爱，民间有"一岩二鳊三青波"的说法，其中岩就指岩原鲤。市场售价高达 200 ~ 300 元/千克，仍经常是有价无货。

图4-13　岩原鲤

（七）白甲鱼

白甲鱼生活在急流的环境条件下，喜在底层活动，冬季在干流的深水处越冬。体长而侧扁，吻钝圆而突出，口下位。背鳍有一柔软的刺，后缘有锯齿。鳞小刺多。尾叉形，上叶较下叶稍长。背部青灰色，腹部白色，见图4-14。白甲鱼为长江上游及珠江流域的主要经济鱼类之一，生长速度较快，1~3龄较显著，3冬龄鱼平均为37.1厘米，平均体重达1.14千克，常见个体为0.25~2千克。其肉质肥美、细嫩多脂、味道鲜美、营养丰富，是广大消费者喜爱的名贵鱼类，经济价值较高，适宜养殖范围广。

图4-14　白甲鱼

（八）圆口铜鱼

圆口铜鱼又称水密子、肥沱，是一种底栖性鱼，栖息于流水中，冬季在河底水深多岩石处越冬。水密子体长，呈圆筒形，头后背部显著隆起。头小，吻部宽圆，口下位，有须一对，极为粗长，体覆小鳞片，呈黄铜色，有时肉红色，腹部呈淡黄色，见图4-15。水密子常见个体重0.5~1千克，最重可达3~4千克，多产于长江上游干支流中，金沙江下游产量最高。水密子肉质细嫩肥腴，味甚鲜美，是淡水鱼之珍品。

图4-15　圆口铜鱼

（九）齐口裂腹鱼

齐口裂腹鱼又称雅鱼、丙穴鱼，是一种底栖性鱼，喜欢生活于急流和水温较低的水域中。雅鱼体长，稍侧扁，腹圆，吻圆钝，口下位，须两对，体被细鳞，排列整齐，胸腹部不裸露，都有明显的鳞片，体背部为暗青灰色，上侧有细小的黑色斑点，腹部银白色，背鳍和偶鳍为青灰色，尾鳍红色，见图4-16。雅鱼多产于长江上游的岷江、大渡河等水系，常见个体重0.5~1千克，产期为4~6月。

图4-16　齐口裂腹鱼

职业能力测试

1. 简述四大家鱼的食性差异。
2. 简述四大家鱼的水层分布特点。
3. 简述主要养殖鱼类的体型种类。
4. 简述草鱼喜食的草料特点及主要种类。
5. 本章所述名优鱼类中哪些种类体表无鳞片覆盖。

第五章　主要养殖鱼类的人工繁殖技术

一、亲鱼的选择和强化培育

（一）亲鱼池的准备

亲鱼池应选在水源充足，水质清新，无污染，排灌水方便，地势平坦，光照条件好，环境比较安静的地方。池塘面积以 2.0 ~ 5.0 亩为宜，水深以 1.5 ~ 2.0 米为宜。池形规则，四边平直，池底平坦，以便管理和捕捞。另外，鲢、鳙鱼池底有 20 厘米深的淤泥即可，青草鱼池底应少含或不含淤泥。放养前应先进行清池消毒。

（二）亲鱼的来源与选择

人工繁殖的亲鱼主要来源于原种场、江河、湖泊和水库。亲鱼一般从具有一定年龄的大规格鱼中挑选体色正常、鳍鳞完整、无伤无病、游动活泼、体质健壮且无近亲血缘关系的鱼作为后备亲鱼，经过强化培育后再进行催产。在收集和运输亲鱼过程中，操作需小心，要选好网具、工具，避免鱼体受伤。亲鱼的繁殖能力与年龄和体重呈正相关，一般选作亲鱼的雌鱼青鱼都在 4 ~ 5 龄以上，体重 7 ~ 15 千克以上；草鱼为 4 ~ 5 龄以上，体重 5 ~ 10 千克以上；鲢鱼为 3 ~ 4 龄以上，体重 2 ~ 6 千克以上；鳙鱼为 4 ~ 5 龄以上，体重 5 ~ 10 千克以上，雄鱼性成熟通常比雌鱼早熟一年左右。此外，选用雌雄亲鱼比例一般以 1:（1 ~ 1.5）为宜。

（三）亲鱼的强化培育

亲鱼的强化培育是人工繁殖成功的关键，亲鱼培育的好坏会直接影响到性腺的成熟度、催产率、鱼卵受精率和孵化率等。亲鱼培育过程中要勤巡塘，注意观察亲鱼的摄食、活动和池水水质变化情况并做好日常记录，合理进行饲养管理。亲鱼对水温的波动非常敏感，水温波动会影响性腺的发育和成熟，因此在亲鱼培育过程中对水温的控制至关重要，必须避免较大的水温波动。同时，要定期冲水和注入新水，使池水循环，人为制造成流水环境，可刺激亲鱼的性腺发育。

青鱼的亲鱼培育过程中需要投喂足量的螺、蚬、蚌肉作为其饵料，辅以配合饲料、豆粕等精饲料，根据亲鱼的摄食强度及天气、水温等情况，灵活掌握投饲量，同时要保持水质清瘦。

草鱼的亲鱼培育过程中需要投饲添加饲料以满足营养需求，添加的饲料可以是一种或多种草饲料，也可以混合投喂蛋白质含量高的颗粒饲料，草鱼的配合饲料必须含有高的蛋白质含量，避免碳水化合物和脂类物，否则会导致腹部脂肪沉积，从而影响性腺发育。草鱼产前培育的饲料以青草饲料为主、精饲料为辅，草料主要为苏丹草、黑麦草、范草、油菜、大白菜、麦芽等，同时水质应保持清瘦。

鲢、鳙鱼都是食浮游生物的鱼类，在培育过程中可以投喂豆饼、菜饼以达到平衡水质的作用，重点还是以施肥为主，主要以投经过发酵的牛粪、鸡粪等。

二、催产时间

催产时间的主要决定因素是水温，家鱼人工繁殖适宜温度是 22 ~ 28℃，最适温度为 24 ~ 26℃。家鱼的催产季节一般在 5 ~ 6 月份，水温稳定在 18 ~ 20℃ 即可催产。一般先进行草鱼、鲢鱼的催产，再进行鳙鱼的催产，最后进行青鱼的催产。具体催产时间需要根据四大家鱼的各项生理指标综合判定，亲鱼培育后期，随着性腺渐进成熟，亲鱼食量即开始明显减退，甚至不吃东西，说明亲鱼的性腺已经成熟，此时可通过观察鱼粪便形状和拉网检查亲鱼性腺发育情况，就能基本确定繁殖时机。亲鱼性腺达到成熟，如不适时催产，性腺就会退化，因此一定要抓准催产期。

三、催产亲鱼的选择及配比

催产期间，可通过雌雄亲鱼的观察表型特征和性腺成熟度检查来鉴别雌雄亲鱼并选择合适用于催产的优质亲鱼。催产用雄亲鱼一般选择轻挤腹部即有精液流出，精液浓稠，呈乳白色，入水后能很快散开的性成熟优质亲鱼。若雄亲鱼精液量少，入水后呈线状不散开，则表明尚未完全成熟；精液呈淡黄色近似膏状，表明性腺已过熟，则不宜用于催产。催产用雌亲鱼一般选择腹部明显膨大，后腹部生殖孔附近饱满、松软且有弹性，生殖孔红，将鱼腹朝上并托出水面，可见到腹部两侧卵巢轮廓明显。用挖卵器挖出卵粒，成熟好的鱼卵大小整齐、透明、核偏位、易分离。如果结成块、核居中央、大小不齐表明尚未成熟，如卵粒扁塌或呈糊状、光泽暗淡表明已趋退化。

青鱼人工繁殖过程中雌雄亲鱼依靠摸鳍条就可初步鉴别，雄鱼胸鳍内侧前几根鳍条上有排列较密的灰白色的表皮角质稚状突起（珠星），用手抚摸有粗糙感；雌鱼则无珠星，用手抚摸表面光滑。雌鱼的卵巢发育程度在外观上不易判断，催产时一般仅以腹部有明显膨大且较饱满为标准；或进行挖卵鉴别，以卵巢内基本群卵细胞长足、大小均匀及细胞核呈现偏位极化现象为宜。雄鱼则以轻压腹邻精巢部位能挤出浓稠的乳白色精液为适。一般人工繁殖进行催产时雌雄比鲢为 5:4。

草鱼人工繁殖过程中雌雄亲鱼可以依靠表型特征来进行初步选择，草鱼雄性鱼鳍条较粗大而狭长，自然张开呈尖刀形；在生殖季节性腺发育良好时，胸鳍内侧及鳃盖上排列有很密的珠星，手摸有粗糙感觉。成熟较好的雄亲鱼距生殖孔一指处发软，生殖孔略呈紫色，可用手轻压后腹部，如有浓稠乳白色的精液流出，且入水即散。成熟雌鱼的选择可进行外形观察和挖卵观察，雌性草鱼胸鳍鳍条较细短，自然张开略呈扇形，一般无珠星或在胸鳍末梢只有少量突起，手摸无粗糙感。通过外形观察可见雌鱼腹部膨大有弹性，卵巢轮廓明显，生殖孔松弛，腹部向上，体侧有卵巢块状下垂的轮廓，腹部中间呈凹瘪状，用手拍其腹侧，有松软的感觉，腹侧下方鳞片的排列有松张的现象；通过挖卵观察可见卵粒整齐、大而饱满、核偏位则表明亲鱼成熟较好。一般采用全人工繁殖方法的雌雄比例为 2:(1~1.5)，而采用半人工方法的雌雄比例为 1:(1~1.5)。

鲢鱼雄鱼胸鳍前面的几根鳍条上，特别在第一鳍条上明显的生有一排骨质的细小栉齿，用手抚摸，有粗糙、刺手感觉。这些栉齿生成后，不会消失。雄鱼腹部较小，性成熟时轻压精巢部位有精液从生殖孔流出。雌鱼只在胸鳍末梢小部分才有栉齿，其余部分比较光滑，且腹部大而柔软，泄殖孔末梢常突出，微带红润。一般人工繁殖进行催产时雌雄比为2:1。

鳡鱼雄鱼胸鳍前面有几根鳍条上缘各生有似刀的锋口，用手左右抚摸有钝刀锋上的感觉，腹部较小，性成熟的个体，轻压生殖孔有乳白色精液流出。雌鱼胸鳍光滑，无割手感觉，腹部明显膨大，后腹部生殖孔附近饱满、松软且有弹性，生殖孔红，将鱼腹朝上并托出水面，可见到腹部两侧卵巢轮廓明显。一般人工繁殖进行催产时雌雄比为3:2。

四、催产药剂的选择

催产药剂主要为外源激素，通过刺激鱼垂体进一步合成释放促卵泡生长激素（FSH），增加鱼体内FSH浓度，可强化体内营养的转化过程，加速性腺的发育进程，促使亲鱼早熟顺产。目前，鱼类人工繁殖使用的催产药物主要有鱼类脑垂体（PG）、绒毛膜促性腺激素（HCG）和促黄体释放激素类似物系列（LRH－A），这些催产药剂单独或混合使用都能产生催产效果。此外，还有一些提高催产效果的辅助剂，如多巴胺排出剂利血平（RES）和多巴胺拮抗物地欧酮（DOM）。

（一）鱼类脑垂体（PG）

鱼类脑垂体内含多种激素，对鱼类催产最有效的成分是促性腺激素（GTH），是一种分子量在30万左右的糖蛋白激素。鱼类脑垂体主要利用促性腺激素促使鱼类性腺发育；促进性腺成熟、排卵、产卵或排精；并控制性腺分泌性激素。在水温较低的催产早期，或亲鱼一年催产两次时，催产效果比绒毛膜促性腺激素好，但若使用不当常出现难产。目前，生产中多使用鲤鱼脑垂体，如彩图5－1。

（二）绒毛膜促性腺激素（HCG）

一般为市售成品，商品名称为鱼用（或兽用）促性腺激素，如彩图5-2。为白色、灰白色或淡黄色粉末，易溶于水，遇热易失活，使用时现配现用。它是从2~4个月的孕妇尿中提取的一种糖蛋白激素，相对分子量质量在36000左右，主要作用是促进亲鱼排卵，也有一定的促性腺发育作用，但它对温度的反应较敏感，且反复使用易产生抗药性。这种激素催熟作用不及脑垂体和释放激素类似物，对鲢、鳙鱼催产效果与脑垂体相同，催产草鱼时，单独使用效果不佳。

（三）促黄体释放激素类似物（LRH-A）

市售促黄体素释放激素类似物（LRH-A）为人工合成激素，LRH-A为白色粉末，易溶于水，阳光直射会使其变性，其可直接作用于鱼类脑垂体使其分泌促性腺激素，从而促使卵母细胞发育成熟并排卵。目前，市售的LRH-A分为鱼用促排卵素2号（LRH-A_2）和鱼用促排卵素3号（LRH-A_3），如彩图5-3。LRH-A对主要养殖鱼类的催熟催产效果都很好，草鱼效果最好；对已催产过几次的鲢、鳙鱼的效果不及绒毛膜促性腺激素和脑垂体；对鲤、鲫、鲂等鱼类的有效剂量也较草鱼大。它还具有副作用小、可人工合成、药源丰富等优点，现已成为主要的催产剂。

（四）利血平（RES）和地欧酮（DOM）

利血平（RES）和地欧酮（DOM）对垂体GTH的释放和调节起着重要作用，如彩图5-4和彩图5-5。利血平（RES）和地欧酮（DOM）在生产上一般不单独使用，主要与LRH-A混合使用，以进一步增加其活性，从而显著增强 LRH – A 刺激鱼脑垂体分泌 GTH，并诱导排卵。

五、催产剂的注射

注射催产剂主要为一次注射和二次注射法，青亲鱼催产有时会采用三次注射法。目前多采用二次注射法进行催产，因为两次注射法第一针有催熟的作用，其产卵率、产卵量和受精率都较高，亲鱼发情时间较一致，特别适用于早期催产或亲鱼成熟度不够的情况催产。生产中，草鱼通常采用一次注射法，鲢鱼、鳙鱼根据性腺发育情况采用一次或两次注射法，青鱼根据性腺发育情况采用两次或三次注射法。

催产剂注射应根据天气、水温和效应时间确定注射时间。若采用一次性注射可在 16:00 ~ 18:00 进行，次日清晨即可开始产卵。采用一次性注射时，草鱼雌鱼的注射剂量为每千克体重 LRH – A 5 ~ 10 微克，或 PG 4 ~ 6 毫克（3 ~ 5 粒），或用 LRH – A 5~ 10 微克加 PG 1 ~ 2 毫克，或用 LRH – A 5 ~ 10 微克加 HCG 200 ~ 500 国际单位。鲢鱼、鳙鱼雌鱼注射剂量为每千克体重 HCG 800 ~ 1 200 国际单位，或 PG 4 ~ 6 毫克，或 LRH – A 10 ~ 20 微克，或用 HCG 800 ~ 1 000 国际单位加 PG 1 ~ 2 毫克，或用 LRH – A 10 ~ 15 微克加 HCG 500 国际单位。雄鱼注射剂量为雌鱼的 1/2 或 1/3，与雌鱼同时注射。

若采用两次注射时，一般第一针在上午 7:00 ~ 9:00 进行，第二针在当日下午 18:00 ~ 20:00 进行。采用两次注射时，所用催产剂总量与一次性注射相同，分两次注射时第一次注射约总量 10% 的催产剂，6 ~ 24 小时后再注射余下的全部剂量，水温越低或亲鱼成熟度越差注射第二针的间隔时间越长。两次注射适用于性腺发育较差的亲鱼，第一次注射主要起催熟作用，剂量要严格控制，切不可偏高，否则鱼卵质量较差。

对于一些性腺成熟度差的亲鱼，须采用三次注射法，即提前 10 ~ 15 天，先注射第一针，进行性腺催熟。如青鱼采用三次注射法时，第一次注射 LRH – A 2 ~ 5 微克/尾；10 ~ 15 天左右，进行第二次注射，注射 LRH – A 5 微克/千克体重；12 ~ 24 小时后，进行第三次注射，注射 LRH – A 10 微克/千克体重。

催产剂注射前先对所选择的亲鱼进行编号、称重，再根据需求配制催产剂，催产剂需用生理盐水溶解制成悬浊液后，方能随水注入鱼体。一般选用 6 ~ 8 号针头，5 毫升或 10 毫升的注射器进行注射，所有器具在使用前需煮沸消毒。注射部位分体腔注射和肌肉注射两种，二者效果相同。体腔注射又分为胸腔注射和腹腔注射两种方式，其中胸腔注射是在鱼胸鳍基部的无鳞凹陷处，针头朝鱼体前方与体轴呈 45 ~ 60 度角刺入，深度约 1 厘米，不宜过深，否则会伤及内脏，如彩图 5 – 6 所示；而腹腔注射是在腹鳍基部注射，注射角度为 30 ~ 45 度，深度为 1 ~ 2 厘米；肌肉注射一般在背鳍下方肌肉丰满处，用针顺着鳞片向前刺入肌肉 1 ~ 2 厘米进行注射。

六、产卵受精

产卵受精的方法有两种：自然产卵受精和人工授精。自然产卵受精是在亲鱼注射催产药物之前，首先要在产卵池设置好鱼巢，注射催产剂后将雌、雄鱼按 1:（1 ~ 1.5）的比例放入产卵池中。在效应时间未到达之前，用一定量流水刺激亲鱼，在效应时间到达时将流水改为微流水状态，让其自然产卵、排精，在产卵池中完成整个受精过程。

人工授精与自然产卵受精有所不同。通常亲鱼最后一次注射催产剂后，一般经过数小时到 20 小时的效应时间，产生性兴奋现象，开始发情。此时，雄鱼开始追逐雌鱼，起初比较缓慢，以后逐渐加快，使水面形成明显的波纹和漩涡，激烈时甚至能跃离水面，一般草鱼、鲢鱼较青鱼、鳙鱼明显。发情 2 小时前开始进行冲水，发情约 0.5 小时后便可进行人工产卵与人工授精。

人工授精又分为干法授精、半干法授精和湿法授精。干法人工授精是将普通脸盆擦干，然后用毛巾将捕起的亲鱼和鱼夹上的水擦干，将鱼卵挤入盆中，并马上挤入雄鱼的精液，然后用力顺一个方向晃动脸盆或用干羽毛轻轻搅拌 2 ~ 3 分钟，使精卵混匀，让其充分受精，然后慢慢加入清水，再轻轻搅拌 1 ~ 2 分钟，静置 1 分钟左右，倒出污水，反复清洗 2 ~ 3 次后即可转入孵化器中进行孵化。对于黏性卵需进行脱黏操作，可将受精卵慢慢倒入有脱黏粉（一般采用滑石粉或黄泥浆）的水中，不停地向一个方向搅拌，保证受精卵在水中不堆积成团、结块即可，搅拌 10 分钟左右，待鱼卵的黏性完全脱掉，用清水漂洗干净。最后将漂洗干净的鱼卵用量筒量出受精卵的体积，加入清水，移入孵化环道或孵化桶中孵化。半干法授精与干法的不同点在于，将雄鱼精液挤入或用吸管由肛门处吸取加入盛有适量 0.3% ~ 0.5% 生理盐水的烧杯或小瓶中稀释，然后倒入盛有鱼卵的盆中搅拌均匀，最后加清水再搅拌 2 ~ 3 分钟使卵受精，其他后续操作则与干法人工授精基本相同，适用于雄鱼不足或精液不多的情况。湿法授精则是将生理盐水放入盆中，再挤入少量精液搅匀，随即挤卵于盆中，边挤卵边搅拌，并补充精液，使精卵充分混匀，其他后续操作则与干法人工授精基本相同。

亲鱼产卵时常分为全产、半产和难产几种情况。正常情况下，产后雌鱼腹部空瘪，轻压腹部仅有少量卵粒及卵巢液流出，此时为全产。半产时雌鱼腹部稍许缩小，但未空瘪，轻压腹部有较多卵子流出，说明雌鱼卵已完全成熟，未产原因可能是雌鱼成熟度差或个体太小，或亲鱼受伤较重，或水温太低等。若轻压鱼腹只有少量卵子流出，这说明鱼卵尚有相当部分未成熟，这可能是雌鱼成熟度较差，或催产剂量不足，可将亲鱼放回产卵池待其再次产卵。难产时雌鱼腹部变化不大，轻挤鱼腹无卵粒流出，可能是催产剂有问题或未将催产剂注入鱼体，也可能是亲鱼成熟度太差，此时可重新进行催产，若依然无法正常催产可能是因为性腺过熟后严重退化，应放入产后亲鱼池中与产后亲鱼一起培养。若雌鱼腹部明显膨大，轻挤鱼腹无卵粒，但有混浊液体或血水流出。取卵检查，可见卵无光泽、无弹性，易与容器粘连。这可能是卵巢组织已退化，并由于催产剂的影响而吸水膨胀。这种鱼很易发生死亡，需放入清新水体精心护理。卵子在腹内过熟并糜烂，这可能是由于雌鱼生殖孔阻塞或亲鱼严重受伤，也可能是雄鱼太差或环境条件不适所致。

七、受精卵的孵化

（一）孵化设备

受精卵孵化常用设备有流水水泥池、家鱼产卵池、孵化环道、孵化缸、孵化桶、孵化槽和网箱等，目前使用较多的为孵化桶（缸）和孵化环道。

孵化环道是规模化育苗的主要生产设施，生产上常见的环道分圆形和椭圆形两种，按环数不同又可分为单环型、双环型、三环型等几种，每个环道由进水管道、排水管道、过滤窗、集苗管组成，如彩图5-6所示。水塔或蓄水池的最低水位应高出孵化环道1.5米以上，以保证足够的水流量和流速，使鱼卵随水流翻动。环道一般宽0.8～1米，深1米左右，采用环道孵化每立方米水体可盛放鱼卵100万粒左右，环内保持每秒0.3米的流速，24～34小时就能孵出鱼苗，孵化率高而稳定，但造价相对较高。

孵化桶可用白铁皮、塑料、玻璃钢等制成，从底部进水，通过上部过滤窗纱出水，如彩图5-7所示。孵化桶结构简单，有放卵密度大、孵化率高、使用方便等优点。通常每立方米水可放卵100万~200万粒。在室内、室外孵化均可进行，一般在室内孵化效果比较好，室外孵化必须采取遮光措施，受精卵不宜受阳光直接照射，以免紫外线强烈照射杀死鱼卵或导致胚胎发育异常产生畸形仔鱼。

（二）孵化前准备

催产前必须对孵化设施进行一次彻底的检查、试用，若有不符合要求的就及时修复，特别是进出水系统、水流情况、进水水源情况、排水滤水窗纱有无损坏、进水过滤网布是否完好、所用工具是否备齐等。然后，将有关工具及设施清洗干净或消毒后备用。孵化用水必须提前处理用60～70目筛绢过滤清除杂物和会对鱼胚胎孵化造成危害的敌害生物，有些水流还要提前用药物消毒。

（三）孵化管理

受精卵的人工孵化，可采用静水孵化法和流水孵化法，流水孵化是指直接将受精卵放入孵化缸、桶、环道中进行流水孵化，采用流水孵化水中溶氧高，受精卵在水漂动，有利于胚胎发育；静水孵化是指将黏卵鱼巢放入静水网箱或静水水池中孵化，采用静水孵化操作简单，搬动方便、用水量小，但鱼苗脱膜时水中溶氧可能不足，影响孵化率，通常在静水孵化时可在池中放置气石，利用空气压缩机对池水进行增氧，可起的改善孵化效果的作用。同时，做好孵化管理是提高受精卵孵化率的关键，孵化过程中需要做好以下几点：

（1）要做好水质管理。孵化期间水的 pH 值应保持在 7.5 ~ 8.0，必须处理好孵化用水，使水质保持清新富氧。

（2）调控好水温。孵化过程中要保持水温的稳定，水温过高、过低或急剧变化，对胚胎发育都极为不利。鱼卵的孵化水温的范围为 17 ~ 32℃，适宜水温为 22 ~ 28℃，在此温度范围内，水温越高，发育越快。

（3）保证溶氧量充足。在整个发育过程中，胚胎期耐低氧能力最差，因此保证孵化过程中溶氧量充足十分重要。孵化过程中需要每小时检测 1 次溶氧，保证溶氧在 4 ~ 5 毫克/升以上，使水质保持清新富氧，以免对受精卵、鱼苗幼体造成影响。

（4）注意清除死卵，防止水霉感染。死卵和体质较弱的鱼苗在水温较低和水质不良的情况下，极易被水霉侵染而发生棉絮状的水霉病，应及时清除感染水霉的卵或鱼苗，以免感染好卵或健康鱼苗。

（5）防止阳光直射。紫外线照射，可使胚胎发育异常产生畸形，室外孵化应采取遮阴措施。

（6）清除敌害生物。水体中的桡足类和枝角类不但会消耗大量氧气，同时还能用其附肢刺破卵膜或直接咬伤仔鱼及胚胎，造成大批死亡；小鱼、小虾和蝌蚪可直接吞食鱼卵，因此均必须彻底清除。

（四）受精率、孵化率和出苗率的计算

受精率通常在胚胎发育至原肠中期（即胚盘下包 2 小时）计算鱼卵，其方法是随机取 100 枚卵粒，用肉眼观察，凡呈金黄色、有光泽且通过原肠中期的为受精卵，受精卵与鱼卵总数之比为受精率。孵化率是指孵出膜鱼苗占受精卵总数的百分比，一般在出膜完成后进行计算。出苗率则是指鱼苗出膜后培育至鱼苗平游时，平游鱼苗数占受精卵总数的百分比。受精率、孵化率和出苗率具体计算公式如下：

受精率 = 受精卵数/检查卵的总数 ×100%

孵化率 = 出膜鱼苗总数/受精卵总数 ×100%

出苗率 = 平游鱼苗总数/受精卵总数 ×100%

职业能力测试

1. 简述选择后备亲鱼的主要标准。
2. 四大家鱼人工繁殖的季节及适宜温度范围。
3. 简述四大家鱼人工繁殖过程中亲鱼的配比。
4. 请列举三种以上常用的催产药剂。
5. 简述催产剂主要有哪几种注射方式。
6. 人工授精主要有哪几种授精方式？

7. 常用的孵化设备主要有哪几种？

8. 受精卵主要有哪两种孵化方式？

9. 如何计算鱼卵的受精率、孵化率和出苗率？

第六章　鱼苗、鱼种的饲养

鱼苗鱼种培育是鱼类养殖的第一阶段。从鱼类孵化后饲养到 3.3 厘米左右（相当于夏花），称鱼苗培育；以夏花饲养至冬片、春片称鱼种培育。这两阶段使用的鱼池分别称为鱼苗池和鱼种池。

一、鱼苗、鱼种的分期

（一）鱼苗分期

鱼苗又称稚鱼，是对鱼卵孵化出来至全长 3.3 厘米的鱼的称谓。此时，以消化系统为主的各种器官已形成，外部形态已经具备种分类学特征，只是各品种特征（如体色等）尚未完全出现。鱼苗具体分为三个阶段：第一阶段称为水花，指鱼卵孵出后生长 3~7 天的鱼苗，全长 0.8 厘米左右，卵黄囊未消失的称为嫩口水花，消失后称为老口水花；第二阶段称为乌仔头，指孵出 7 天后的鱼苗，全长 1 厘米左右；第三阶段称为黄瓜仔，指全长 1.8~2.0 厘米的稚鱼。

（二）鱼种分期

鱼种（幼鱼）指鱼苗培育后，发育至全体鳞片、鳍条长全，外观以具有基本特征的幼苗，为 3.3 厘米以上至性成熟以前整个生长阶段的鱼类个体称谓。此时外形基本成型，只是性腺尚未发育成熟。一般鱼种可分为五个阶段：第一阶段称为夏花，主要指全长 3.3 厘米左右的鱼种，故叫"寸片"，有的地方也叫"火片"；第二阶段称为秋花（秋片），主要指全长 8 厘米以上，在秋季出池的鱼种，又叫"窟秋片"；第三阶段称为冬花（冬片），指全长 10~20 厘米，在冬季出池鱼种；第四阶段称为春花（春片），指越冬后的鱼种，又叫"隔年鱼种""仔口鱼种"；第五阶段称为二龄鱼种，指春花鱼种再养 1 年的鱼种，又称"老口鱼种""过池鱼种"。

二、鱼苗、鱼种的质量鉴别

（一）鱼苗质量鉴别

鱼苗因受鱼卵质量和孵化过程中环境条件的影响，体质有强有弱，这对鱼苗的生长和成活带来很大影响，苗种质量的优劣是决定能否高产高效的关键条件之一，鱼苗质量优劣的鉴别至关重要。生产上可根据鱼苗的体色、游泳情况以及挣扎能力来区别其优劣。鉴别方法如表 6-1 所示。

表6-1　鱼苗质量优劣鉴别

鉴别方法	优质苗	劣质苗
体色	群体色素相同，无白色死苗，身体清洁，略带微黄色或稍红	群体色素不一，为花色苗，具白色死苗，鱼体拖带污泥，体色发黑带灰
游泳情况	搅动水产生漩涡，鱼苗在漩涡边缘逆水游泳	鱼苗大部分被卷入漩涡
抽样检查	口吹水面，鱼苗逆水游泳，倒掉水后，鱼苗在盆底剧烈挣扎，头尾弯曲成圆圈状	口吹水面，鱼苗顺水游泳，倒掉水后，鱼苗在盆底挣扎力弱，头尾仅能扭动

人工繁殖过程中，容易产生杂色苗、胡子苗、困花苗和畸形苗四种劣质鱼苗，其主要特点及产生原因如表 6-2 所示。

表 6 - 2　劣质鱼苗的种类及特点

种类	特点	产生原因
杂色苗	鱼苗嫩老混杂、各种鱼苗混杂	一个孵化器中放入两批间隔时间过长的鱼卵，因停电、停水等原因导致各孵化器底部管道回流造成
胡子苗	体色黑、体质差、弱苗	鱼苗已发育到合适的阶段未能销售，只能继续在孵化器或网箱内囤养，导致鱼体色素增加，体色变黑，体质差。或者由于水温低，胚胎发育慢，鱼苗在孵化器中的时间过长。由于鱼苗顶水时间长，消耗能量大，使壮苗变成弱苗
困花苗	不能上下自由游泳、鱼体嫩弱	鱼苗胸鳍出现，但鳔还尚未充气，不能上下自由游泳，此阶段称困花苗。困花苗在静水中大部分沉底，鱼体嫩弱，其发育仍依靠卵黄囊为营养，不能吞食外界食物
畸形苗	发育畸形、游泳不活泼	由于鱼卵质量或孵化环境的影响，造成鱼苗发育畸形，常见的有围心腔扩大、卵黄囊分段等。畸形苗游泳不活泼，往往和孵化器中的脏物混杂在一起，不易分离

（二）鱼种质量鉴别

鱼种质量优劣可根据出塘规格大小、体色、鱼类活动情况以及体质强弱来判别。鉴别方法如表 6 - 3 所示。

表 6 - 3　鱼种质量优劣鉴别

鉴别方法	优质鱼种	劣质鱼种
出塘规格	同种鱼出塘规格正确	同种鱼出塘个体大小不一
体色	体色鲜艳，有光泽	体色暗淡无光，变黑或变白
活动情况	行动活泼，集群游动，受精后迅速潜入水底，不常在水面停留，抢食能力强	行动迟缓，不集群，在水面漫游，抢食能力弱
抽样检查	鱼在盆中狂跳，身体肥壮，头小，背厚，鳞鳍完整，无异常现象	鱼在盆中很少跳动，身体瘦弱，背薄，鳞鳍残缺，有充血现象或异物附着

三、鱼苗、鱼种的食性和生长特点

（一）鱼苗、鱼种的食性

不同种类的鱼，其食性亦不相同，但在鱼苗阶段的食性基本相似，刚孵出的鱼苗均以卵黄囊中的卵黄为营养。当鱼苗体内鳔充气后，卵黄囊还没完全消失，肠管已形成，鱼苗在吸收卵黄的同时开始摄取外界食物，主要摄食小型浮游动物，如轮虫、原生动物等。当卵黄囊消失后，鱼苗就完全依靠摄取外界食物为营养，主要吞食一些小型浮游动物，其主要食物是轮虫和桡足类的无节幼体，生产上通常将此时摄食的饵料称为"开口饵料"。随着个体生长，幼鱼食性开始明显分化，其食性与成鱼食性相似或逐步趋近于成鱼食性，不同种类的鱼，其取食器官构造有明显差异，食性也有所不同，如鲢、鳙鱼在鱼苗到鱼种的发育阶段摄食方式主要是由吞食过渡到滤食，而草鱼、青鱼、鲤鱼则始终都是吞食，其食谱范围逐步扩大，食物个体也逐渐增大。

（二）鱼苗、鱼种的生长特点

在鱼苗、鱼种阶段，鲢鱼、鳙鱼、草鱼、青鱼的生长速度是很快的。鱼苗到夏花阶段，它们的相对生长率最大，是生命周期的最高峰。在鱼种饲养阶段，鱼体的相对生长率较上一阶段有明显下降。在出生后 100 天左右的培育时间内，体重增长的加倍次数为 9～10 天，即每 10 天左右体重增加一倍。鱼苗、鱼种的生长具有三个特点：一是生长具阶段性，前期的相对生长快、绝对生长慢，后期的绝对生长快，相对生长慢；二是体长体重增长不同步，一般前期体长增加倍数大于体重增加倍数；三是生长具季节差异，

夏季生长快、冬季生长慢，春秋季居中，主要与各季节的
水温差异有关。

四、鱼苗的饲养

（一）放养密度

鱼苗的放养密度对鱼苗的生长速度和成活率有很大影
响。密度过大鱼苗生长缓慢或成活率较低，发塘时间过长，
影响下一步鱼种饲养的时间；密度过小，虽然鱼苗生长较
快，成活率较高，但浪费池塘水面，肥料和饵料的利用率
也低，使成本增高。放养密度对鱼苗生长和成活率的影响
实质上是饵料、活动空间和水质对鱼苗的影响。鱼苗密度
过大，饵料往往不足，活动空间小，水质条件较差、溶氧
量低，因此鱼苗的生长就较慢、体质较弱，致使成活率
降低。

在确定放养密度时，应根据鱼苗、水源、鱼池条件、
肥料和饵料来源、放养时间和饲养管理水平等情况灵活掌
握。各种家鱼在鱼苗阶段都以浮游动物为食，食性相同，
为防止争食及便于生产操作，鱼苗培育大都采用单养的形
式。由鱼苗直接养成夏花，一般放养10万~20万尾/亩，青
鱼、草鱼苗宜稀，鲢鱼、鳙鱼苗可较密，采用一次性投放
方式，一般投放量分别为鲢鱼、鳙鱼10万~15万尾/亩，草
鱼、青鱼8万~15万尾/亩，鲤鱼、鲫鱼、鲂鱼15万~20万
尾/亩。由鱼苗养成乌子，一般初放15万~20万尾/亩，视
饲养管理水平和池塘条件而定，长至5~6厘米后，分池拔
稀；由乌子养到夏花时，一般放养密度为3万~5万尾/亩。

放养过程中为了提高鱼苗的存活率，应对培育池提前
进行清塘消毒，并清除蛙卵、蝌蚪、水生昆虫和野杂鱼等

敌害生物。鱼苗下塘前应先用蛋黄开食，以提高鱼苗下塘后的觅食能力和成活率。鱼苗下塘前要先用池塘底层水，放几尾鱼苗试养一天左右，如鱼苗活动正常，证明池内消毒药物已无毒性。且放苗时温差不超过2℃，超过5℃时鱼开始死亡，鱼苗下塘前应调节鱼苗容器中的水温，使其逐渐接近于池塘水温。下塘时应将盛鱼苗的容器放在避风处倾斜于水中，让鱼苗自己游出，有风天则应在上风处放苗，否则鱼苗易被风浪推至岸边或岸上。

（二）鱼苗饵料

鱼苗下池时能吃到适口的食物是鱼苗培育的关键技术之一，也是提高鱼苗成活率的重要一环。在生产实践中应引起重视。具体操作是在清塘后，在鱼苗下池前一周左右注水50～60厘米，并立即向池中施放有机肥料以繁殖适量的天然饵料，鱼苗下池后便可吃到足够的适口食物，这种方法也称"肥水下塘"。它的技术要点在于掌握合适的施肥时间，使施肥后浮游物的繁殖正好适合下塘鱼苗摄食的需要。池塘施肥后，各类浮游动物出现，首先是原生动物，其次是轮虫，再次是枝角类，最后为桡足类。这是由于它的成熟时间和繁殖速度不同所致。鱼苗从下塘到全长15～20毫米，吃食食物变化一般是：轮虫和无节幼虫—小型枝角类—大型枝角类和桡足类。而鱼苗下池时的适口饵料是轮虫，因此池中出现轮虫繁殖的高峰期正是鱼苗下池之时。这样刚下塘的鱼苗不但有充足的适口饵料，而且以后各个发育阶段也都有丰富的适口食物。这样有利于鱼苗的生长而且成活率高。所以，适时施基肥和鱼苗适时下塘是养好鱼苗的关键。

鱼苗的饲喂可采用有机肥料与豆浆混合饲养法。鱼苗下塘后，隔5~6小时就应投喂第一次豆浆，如下午下塘，下午就应投喂。一般每天2次，8：00~9：00和14：00~15：00。最晚不超过16：00。在鱼苗下塘10天内，每天每亩投喂1.5~2千克黄豆浸泡后磨成的浆，10天后根据水质的肥瘦，酌情增减，如天雨低温须酌加豆浆的用量，豆浆应均匀全池泼洒。如结合施肥，可减少黄豆的用量，一般可在鱼苗下塘后4~5天进行施肥。

（三）日常管理

鱼苗池必须精细管理，勤巡塘，每天应早、中、晚三次巡塘，经常观察鱼苗活动和吃食情况，发现问题及时处理。注意调节水质、水位等，每隔3~5天加水一次，每次注水深度10~15厘米，将水深保持在60厘米左右。早晨鱼苗易出现成群浮头现象，受惊后就下沉，稍停后浮上来，日出后停止，这种情况属轻微浮头，是正常现象，则表明水质肥瘦适中；若9：00点左右仍浮头，受惊后反应迟钝，则表明水质过肥，应立即注入新水或泼洒增氧剂直至浮头停止，可适当减少当天投饲量，不应再施肥。同时，要做好鱼病防治工作，发现鱼苗活动不正常，立即采取防治措施，平时需注意鱼塘卫生，及时清除敌害以及杂物。

鱼苗养殖过程中往往需要进行拉网锻炼，目的是增强夏花体质，提高运输成活率。拉网过程使鱼苗受惊吓，运动量增加，黏液大量分泌，粪便排出，可以使鱼苗鳞片紧密，肌肉结实。同时拉网过程也是密集过程，增强了鱼苗耐低氧的能力。拉网时速度要慢，尽量与鱼苗前进速度一致，不可使鱼苗贴网受伤。具体方法是：先将鱼苗围集于网箱短暂停留之后拆除，让鱼苗自由游出。如果天气晴好，第二天再进行第二次拉网，这次可以在网箱中时间长一点，持续1小时左右。密集过程中要观察鱼苗活动情况，如有异常，应立即将鱼苗放出。另外，拉网前应停食为宜。当鱼苗成长到夏花阶段需进行分塘，一般先将夏花集中拦在网箱中一端，用鱼筛舀鱼并不停摇动，使小鱼迅速游出鱼筛，将不同规格鱼苗分开。鱼筛规格有许多种，可以根据实际情况选用，筛完后计数出筛，按不同规格分塘饲养。

五、鱼种的饲养

（一）放养密度

鱼种的饲养一般采用混养模式，鱼苗养到夏花时食性已经分化，不同鱼种栖息的水层也有所变化。鱼种培育过程中主养一种鱼的同时搭配1~2种其他夏花鱼种，可以充分利用水体空间和水体中的天然饵料，提高单位面积产量。混养时需要注意选择食性不一致，能够互利共生的品种进行混养。合理搭配鲢、鳙等滤食性鱼类和青、草、鲤、鲫等吃食性鱼类，以吃食性鱼类为主的池塘，搭配比例一般为主养鱼占70%~80%，滤食性鱼类占20%~30%，如以草鱼为主的池塘，一般可搭配20%~30%鲢、鳙鱼种。

放养密度需依据池塘面积、深浅、水质肥瘦、鱼池配套设施完善程度及饲料来源是否充足等条件而定，如池塘面积较大，水较深，水质条件好，鱼池配套设施完善，饲料来源充足则可适当增大放养密度。夏花鱼种一般每亩放1万~1.5万尾，经30天左右的培育，夏花长至6.6厘米左右，进行分塘，每亩放5 000~8 000尾为好，再经50天左右培育，鱼种达10~13厘米时，要再次进行分塘，每亩放

3 000 ~ 4 000 尾，饲养至年底，一般每亩可育出 16.5 厘米以上的大规格鱼种，重量一般为 200 ~ 250 克。对于一养到底的池塘，最好一次性投放夏花 5 000~ 6 000 尾。

（二）鱼种饲养

鱼种放养后应选用优质饲料诱鱼开食。一般水温 10℃以上，由少到多。刚投饲时可将豆饼、麸皮、玉米粉等投放在向阳背风的地方，以后逐渐投放到饵料台上，每天定点、定时投喂一次，每次投喂量应为鱼体重的 1.5% ~ 3%。以后随温度升高，增加投喂次数。同时要求青饲料洗净后，按 50 千克青料均匀拌入漂白粉 150 克或生石灰 1.5 千克消毒，禁用霉变饲料。

（三）日常管理

鱼苗鱼种池必须精细管理，勤巡塘，经常观察鱼苗活动情况，一般每隔 3 ~ 5 天要注新水一次，保持正常的水质及水深。做好投饵和追肥工作，一般每天每亩投放精饲料 1.5 ~ 2 千克，每隔 3 ~ 5 天适量追肥一次有机肥或无机肥，有机肥作消毒处理，防止病害发生。发现水中溶氧不足时，要及时加注溶氧较高的新水。鱼种饲养后期可进行适当的拉网筛选，检查鱼种生长情况，如果鱼种生长不齐，可用鱼筛进行筛选，将个体大的鱼种筛选到别的池塘中，以使鱼种快速、均匀的生长。越冬池要经常观察鱼种活动和水质变化情况，天气晴暖时应适当投饵，一般每周 1 ~ 2 次。以菜籽粕为主，投饵量为鱼体重的 0.5%。同时要做好鱼病防治工作，发现鱼苗活动不正常，立即采取防治措施，平时需注意鱼塘卫生，及时清除敌害以及杂物。

职业能力测试

1. 如何区分鱼苗和鱼种？
2. 如何鉴别鱼苗和鱼种质量优劣？
3. 鱼苗、鱼种有哪些主要的生长特点？
4. 鱼苗、鱼种的采食特点。
5. 四大家鱼鱼苗的放养密度。
6. 四大家鱼鱼种的放养密度。
7. 提高鱼苗放养成活率的主要措施。

第七章　成鱼的饲养

　　成鱼饲养是将鱼种养成食用鱼的生产过程，是养鱼生产的最后阶段。成鱼养殖要求饲养生长快，养殖周期短、产量高、质量好，才能取得好的经济效益。为了达到上述目的我国总结出了"八字精养法"综合技术措施。1958 年我国渔业科技工作者提"出八字精养法"（即"养鱼八字经"）："水""种""饵""密""混""轮""防""管"。其中，水、种、饵是养鱼的物质基础，密、混、轮是养鱼技术措施，防、管是用来协调物质基础和技术措施的。

　　"水"：水要肥、活、爽。

　　"种"：放养鱼种数量足、规格大、体质健壮、品种齐全、品质优。

　　"饵"：饲料充足，营养成分完全。

　　"密"：合理密放。

　　"混"：不同种类、不同规格鱼种搭配混养。

　　"轮"：轮捕轮放，使池中始终保持较"合理的密度"。

　　"防"：防治好鱼病。

　　"管"：实行科学管理，做到施肥"三看"、投饵"四定"。

一、池塘的选择及要求

　　（1）"三通"选择：即水通、电通、路通。

　　（2）水质要符合渔业用水标准。

（3）面积：面积不宜过小，太小水质不容易管理；也不易过大，太大操作难。

（4）水深："水深养大鱼"，水深最好为 2.0~2.5 米。

（5）土质：池塘土质以壤土为好，黏土为次，沙土最差。

（6）池塘形状：以东西向为好，有利于浮游生物的生长和水温的提高，也有利于自然增氧。长、宽比例掌握在 5:3 为好。

二、药物清塘

药物清塘一般选择晴天进行。常用的药物清塘方式有以下几种：

（1）生石灰清塘。100 千克/亩。在池塘底均匀挖小坑，把生石灰倒入坑内，加水溶化，不等冷却便全池泼洒，次日再用泥耙翻动池底泥。清塘后 7~10 天药性消失，经试水后即可放鱼。生石灰清塘效果较好，不但能杀死池内的敌害、致病菌，而且还可以改善底质、调节水质，有利于浮游生物的繁殖和鱼类的生长。缺点：消耗劳动力较大。

（2）漂白粉清塘。干法清塘 5 千克/亩。清塘后 7 天左右即可投放鱼种。使用时不要用铁容器泼洒和盛装，以免失效。

（3）茶粕。对野杂鱼、水生昆虫、蝌蚪及螺蛳有杀害作用，但对病菌病毒无效。干法清塘：30 千克/亩，用之前用水浸泡一昼夜，然后再加水均匀泼洒全池。清塘 15 天后试水放苗。

此外，还有氨水清塘法、鱼藤精清塘、巴豆清塘等，可根据要求使用。

清整好的池塘注水时要用密眼网过滤,以防野杂鱼随水入池。

三、鱼种的放养

(一) 鱼种的选择

鱼种来源可以是自己培育,也可以是从外地选购。从外地选购时一定要把握好鱼种的质量。把握鱼种质量主要从以下几个方面:

(1) 优质鱼种体色鲜艳,有光泽。

(2) 优质鱼种鱼体肥壮,头小背厚,体表完整,无异常。

(3) 优质鱼种在水中游动活泼,逆水性强。

另外,要购规格整齐,最好用颗粒饲料培育的鱼种;不要购买体质不强,生病的鱼种。干塘、清塘的鱼种不能购买。

(二) 放养时间

尽量提早放养鱼种,是获得高产的措施之一。鱼种适宜放养温度在 5~10℃。这时水温较低,鱼活力较弱,易捕捞,鱼体不易受伤,有利于提高放养成活率。同时,可以提前开食,延长生长期。

(三) 放养注意事项

(1) 选择晴天、相对暖和的天气进行,切忌大风大雪天气。

(2) 鱼种入池前要进行药浴后再入池。

(3) 温差不超过 3℃。

(4) 计数入池的鱼种数,以便以后投饵量的计算。

（四）放养模式

1. 以银鲫鱼为主的单养模式

	品种	放养规格	放养量（尾）	起捕时间	起捕规格（千克）
主养	银鲫	20 个左右/千克	1 500～1 600	年底	0.4
搭配	花鲢	0.25 千克/尾	50	年底	1.75～2
	白鲢	0.15 千克/尾	30	年底	1.25～1.5

2. 以草鱼为主混养模式

	品种	放养规格	放养量（尾）	起捕时间	起捕规格（千克）
主养	草鱼	0.15～0.25 千克/尾	250	年底	2.5
	鲫鱼	20 尾/千克	300	年底	0.35～0.4
	鳊	20～40 尾/千克	450	年底	0.5
搭配	花鲢	0.15～0.25 千克/尾	50	年底	1.5
	白鲢	0.1 千克/尾	120	年底	1

3. 以鲤鱼为主的混养模式

	品种	放养规格	放养量（尾）	起捕时间	起捕规格（千克）
主养	鲤鱼	8～10 条/千克	1 000	12 月底	0.9～1
	鲫鱼	5 千克/条	300～400	12 月底	0.3～0.35
搭配	花鲢	0.25 千克/尾	50	12 月底	2
	白鲢	0.15～0.25 千克/尾	200	12 月底	1

以上几种模式仅供养殖户朋友参考，具体放养时要根据实际情况加以选择。

四、饲料的选择及投饲

（一）全价配合饲料的选用

1. 养殖品种及规格

不同品种的全价配合饲料，其成分含量和营养价值是不相同的，所适用的养殖鱼类就不一样。比如，肉食性鱼类对蛋白质的需要量要比杂食性鱼类高，杂食性的又要比草食性的高，养殖鳗鱼、罗非鱼和草鱼时，不应使用同样的饲料；同一种鱼，不同养殖阶段也应使用不同的饲料。为了提高养殖的保险系数而盲目购买高档饲料，既增加了养殖成本，又不适合鱼类的营养需要；为了降低养殖成本，使用低档廉价饲料，也是不恰当的。低价格的全价配合饲料多使用的是品质较差、消化利用率较低的原料，可被鱼类利用的有效成分含量较低，饲料系数高，养殖鱼类所需营养得不到满足，生长缓慢，饲料消耗量大，同样也会使养殖效益下降。因此，要避免跨种类混合使用全价配合饲料。用畜禽饲料喂鱼，不仅不能满足鱼类营养需要，还会因为畜禽饲料中所含的某些药物等添加剂而影响鱼类的正常生长。因此，选择全价配合饲料需要注意鉴别饲料的名称、使用的养殖对象，以及饲料的主要养分含量。

2. 配合饲料的加工品质

由于饲料工业的迅猛发展，配合饲料生产厂家逐渐增多，饲料的品牌五花八门。目前，市场上销售的饲料质量参差不齐，选用加工品质优良的全价配合饲料就显得尤为重要。鉴别全价配合饲料的品质优劣应注意以下几个方面：

（1）饲料颗粒的长短和大小要适当。鱼类的摄食特点是，当它能吞食较大颗粒的饲料时，不选择小颗粒的饲料。因此，应选择粒径适合鱼口径大小的饲料。优质全价配合饲料从外观来看，颗粒粗细均匀，长短一致，颗粒长度是粒径的1.5～2倍，无过碎或过长的饲料。

（2）饲料的黏结要适度。饲料颗粒外表光洁致密，不

粗糙松软，这样的饲料水中稳定性好，可保持浸泡水中 20
分钟内不吸水变形，1.5 小时内不完全溃散（虾类饲料除
外）。

（3）饲料含水量要适当。优质全价配合饲料手感干燥、
清爽、不潮湿，含水率约为 12%，正常情况下可保存 3 个
月以上而不霉坏变质。饲料含水分太少，则硬度过大，不
利于鱼类消化；含水分太多，则容易霉变，保质时间短。

（4）饲料的适口性和色泽要好。优质全价配合饲料颜
色均匀自然，气味淡香，口感略咸。若饲料颜色偏重于某
种原料的颜色或颜色不均匀，表明饲料原料品质较低劣或
加工时混合不均匀，成品饲料的质量就没有保障。

3. 配合饲料的保存

饲料中的蛋白质会被霉菌破坏，脂肪容易被氧化，维
生素在光照、高温、潮湿及有氧的情况下易失效，等等，
说明无论饲料的品质有多优良，都有存放环境与存放时间
的限制。尤其是每年 3～6 月份的梅雨季节，气温开始回升，
空气的湿度相对较高，极易感染霉菌，而饲料发热霉变后，
由于微生物的代谢作用，饲料水分有所增加，将会加速饲
料的霉变。当饲料呈现泛黄、泛黑不均匀的色块，闻起来
有霉味、臭味等不良刺激性气味，口感苦涩，手感松软发
黏，则表明饲料已经变质，不能再作饲用。否则，会使鱼
类营养不良和致病死亡。

（二）影响饵料系数的几个因素

饵料系数是指净增单位重量的养殖品种所需要的饵料
数量，饵料是鱼类养殖三大物质基础之一，饲料费用在养
殖成本支出中占有重要的比例。下面，主要谈一谈影响饵

料系数几个因素，以利于养殖户了解如何选择饲料和如何降低饵料系数。

1. 配方的合理性

鱼类对饲料的营养需求有其自身特点，只有当饲料中的营养成分与鱼类的需求相吻合时才能提高消化吸收率，降低饵料系数。

2. 饲料原料质量和加工工艺

饲料原料的品种、等级、异物含量、贮存条件及贮存期的不同，其营养成分差别很大。此外，由于水产饲料特殊性，对饲料加工技术要求很高。特别是一些饲料厂家粉碎细度不够，及后熟化程度不足。这些将直接影响鱼类的摄食、消化吸收，势必造成饵料系数偏高。

3. 投喂技术

坚持"定时""定量""定质""定位"。

4. 水环境

在鱼类养殖中，良好的水体环境可为养殖对象提供良好的摄食环境，可有效降低饵料系数。若水体中有害物质过多、溶氧不足、氨氮含量过高、水温过高等，都会导致饵料系数提高。

5. 鱼病

鱼类在发生疾病阶段，通常摄食量减少，或者不摄食。不摄食的鱼类，即使投喂再多的饵料，鱼也不会生长；摄食量少的鱼类，本身体质差，还需要克服自身疾病的困扰，既摄食量减少，而自身消耗量增加，在鱼类生病阶段，饵料系数增加。

（三）饲料的投喂技术

1. 鱼的驯化

为了使鱼养成上浮摄食的习惯，以便随时观察鱼的摄食、生长、鱼病等情况，必须对鱼进行摄食驯化。

小池塘 10 ~ 20 亩，设置一台投饵机，大池塘 30 ~ 50 亩设置一投饵机。投饵机一般设置在塘口的上风向。

刚开始驯化时，应开机空转几分钟，再把投料量调至最小，抛洒速度调至最慢，驯化时间在 1 个小时。这样，几天以后鱼就能全部到水面摄食。

2. 合理设置饵料台

目前，高密度的池塘养殖往往不设饵料台，池塘面积较小的，多数养殖者直接将饲料均匀撒入池塘；池塘面积较大的，又只是沿池塘边投饲，这样饲料直接落入池底淤泥上，既不利于观察鱼类摄食，容易引起投饲过量或投饲不足，也不方便鱼类的觅食，残饵还容易造成水质的污染，导致鱼类缺氧浮头，甚至出现死亡。而网箱养殖中，网箱底部和四周使用的网衣，网目往往大小相同，为了便于网箱中水质交换。网箱的网目随鱼的生长而由小到大逐渐更换。投饲时，未被鱼类及时摄取的饲料，就会穿越网箱的底层造成浪费；为了避免浪费少投饲料，又不利于鱼类生长；如果使用小网目的网衣做箱底，又容易造成箱底水流不畅，污物沉积，诱发鱼病；如果让鱼类"少食多餐"或慢投饲，延长鱼类的摄食时间，又要消耗太多的劳动力。

因此，应合理设置饵料台，方便观察鱼类摄食，及时清除残饵，调整投饲量。饵料台的面积大小通常可以根据池塘中鱼的数量而定，一般来讲，200 ~ 300 尾鱼可共用一个 1.5 平方米左右的饵料台。饵料台可以用竹子、芦苇等材料编织的席子或木板制成。饵料台四周用竹竿或木柱固定，设置在离池边 1~2 米，没入水面以下 0.5~0.8 米处。春秋季水温较低时，饵料台要设置浅一些；夏季水温较高时，饵料台应设置深一些。假如小面积浅水池塘，就可以直接在池塘底部的一边设置水泥或其他硬质的平台作为饵料台。网箱养殖则不同，可以直接在网箱底部用密眼网纱做底衬，投喂后，及时检查箱底残饵情况，调整投饲量，定期清洗和更换网箱底衬，以减少饲料流失，提高饲料的利用率，避免箱底污染，诱发鱼病。

3. 适宜的投饲量

首先要确定一个基本投饲量，然后再根据具体情况进行增减。基本投饲量的确定方法有两种：

（1）根据预期产量用经验公式计算日投饲量，即：

预期需投饲量 =［（预期毛产量—鱼存塘量）×鱼体蛋白质含量］／（配合饲料蛋白质转换率×饲料蛋白质含量）

其中，鱼体蛋白质含量约为 15%；配合饲料蛋白质转换率约为 40%。这种计算比较复杂，生产中较少使用。

（2）根据投饲率和鱼的存塘（箱）量计算日投饲量，即：

日投饲量 = 存塘（箱）鱼重量×投饲率

这种计算方法简单实用，生产中最常使用。但是，需要注意不同鱼的种类、规格、水温以及不同的养殖方式下，鱼的投饲率是不相同的。比如，网箱养殖 200~300 克的鲤鱼，水温在 20℃ 时，投饲率为 2.5%；水温在 30℃ 时，投饲率为 5.0%。养成期的草鱼投饲率为 5%，而鲶鱼投饲率为 3.5%。一般来说，水温越高，则投饲率越大；随着鱼体长大，投饲率逐渐减小；草食性的鱼类与肉食性的鱼类相比，草食性鱼类的投饲率较大。鱼类的摄食量不仅与鱼的种类、规格和水温有关，还受配合饲料的品质、水质条件、水中饵料生物和气候的影响。当确定配合饲料的基本投饲量后，就可以根据鱼类的摄食情况适当地增减。

在正常情况下，假如投饲时鱼类抢食明显，20 分钟后饵料台无剩饵，说明投饲量偏少；假如投饲 3 分钟后饵料台尚有较多剩饵，而鱼类已经不再争食，则说明投饲量偏大；假如刚开始投饲，鱼类就不积极摄食，说明上一次投饲过量或两次投饲时间间隔太短，这时就不能完全按照投饲量的计算结果来投饲，而应该适当地增加或减少投饲量，根据观察到鱼类摄食的具体情况灵活掌握。虽然我国饲料工业正在向企业集团化、规范化发展，产品质量不断提高，产量也在逐年增长。但是，由于我国人多地少，饲料原料较缺乏，配合饲料的市场价格仍然较高，无疑制约了水产养殖业的发展。然而，我们只要科学地选用配合饲料进行合理投喂，就能够提高配合饲料的利用率，提高养殖对象的品质和数量，降低养殖成本，提高养殖效益。

4. 坚持定时、定量、定质、定位的"四定"技术

（1）定时：鲤科鱼类一般在春天水温达 7～8℃ 时开始摄食，但这时食欲不旺，可以适当少投一点，以尽快尽早地恢复鱼体在越冬间的亏损。以后随着温度的升高，每天应投喂 1～2 次。当温度达到 25℃ 时，每天可投喂 4～5 次，以后随着水温的逐渐下降，次数应当适当减少。

每天投喂 1 次的，时间安排在 11：00 左右；每天投喂

两次的，投喂时间可以安排在 10：00 和 15：00 各投喂 1 次；每天投喂 4 次的，可以安排在 8：00、11：00 以及 14：00、17：00 各投喂 1 次。每次投喂时间约 40 分钟左右最好不要超过 1 小时，以免投喂过量，造成浪费。另外，早上天气有雾而造成缺氧的要适当推迟投喂时间。

（2）定量：总的原则是鱼吃到七成饱为宜，即每次投到 70% 的鱼不再摄食为度，这一点相当重要。但不少养殖户朋友忽视或不重视这一点，认为让鱼吃饱吃好，有利于鱼的更快生长。这一认识上的误区一定要改正过来，因为这环节做得不好，饲料就会有部分浪费，势必造成饵料系数过高，极大地提高养殖成本。养殖的常规鱼类，即青、草、鲤、鲫、鳊属无胃鱼，所摄食的饲料直接依靠肠道消化吸收，而食物在肠道中被排空时间为 2～3 小时。如果摄食过量，饲料还没有被完全消化吸收便排出，不但造成了饲料的浪费而且污染了水质，最后养殖效果当然不理想。

表 7-1 常见淡水鱼日投饵率参考表

平均体重（克）	鲫鱼	鲤鱼	草鱼	团头鲂
25	3.5	4.5	4.5	4.0
50	3.2	4.0	3.7	3.5
75	3.0	3.6	4.5	3.2
100	2.8	3.3	3.2	3.0
150	2.6	3.1	3.0	2.8
200	2.3	2.9	2.8	2.5
250	2.1	2.6	2.5	2.2
300	1.9	2.4	2.3	2.0
400	1.6	2.1	2.0	1.6

续表

平均体重（克）	鲫鱼	鲤鱼	草鱼	团头鲂
500	1.7	1.7	1.4	
600	1.4	1.4	1.2	

注：①适用于水温 24～29℃（在 50 厘米处测）；②水温＜15℃，投饵率降至 1%；③水温 15～19℃，60% 投饵率；④水温 20～23℃，80% 投饵率；⑤水温 30～32℃，80% 投饵率；⑥水温＞33℃，观察投饵。

计算方法：日投饵量（M）＝吃食存塘鱼总重（G）×日投饵率（P）×温度参数（R）

例如：水温 20℃，存塘鱼总重为 1 000 千克鲫鱼，规格为 50 克/尾。可以从上表中查到日投饵率 P 为 3.2%，温度参数 R 为 80%。该日投饵量：$M = 1\,000 \times 3.2\% \times 80\% = 25.6$ 千克。

正常情况下，鱼体每日都在生长，存塘鱼重量每日都在增加，所以，要保证鱼正常摄食和生长，应及时增加饲料投喂量。一般地，每一周左右根据鱼的平均规格和存塘鱼（吃食鱼）数量调整一次。另外，投料前还要坚持"四看"，即看天气、看水温、看水质、看鱼的活动情况，并投喂时结合"慢—快—慢"的原则，做到强弱兼顾，尤其在鱼种规格不整齐的情况下，应尽量扩大投喂面积，让分布在四周的弱小鱼也能正常摄食，也避免了鱼的摄食强度过大而造成体能消耗，这样就不致造成两极分化，鱼的出塘规格也就相对整齐。

（3）定质：鱼类和其他动物一样需要蛋白质、脂肪、糖、无机盐和维生素等营养物质。如果缺少其中一种或多种必需的营养物质，或配合饲料中各种营养成分比例不恰当，将导致饲料浪费，引起鱼生长缓慢，甚至鱼病发生。这就是饲料营养的不均衡性。

在配合饲料中，蛋白质的量与质是评价饲料配方的一个重要指标。首先，蛋白质在饲料中含量要适中，过低过高都不利于饲料的消化吸收。实践证明，鱼饲料中的蛋白质和非蛋白质成分之间比例一定要适当。当饲料中的蛋白质含量低于或超过鱼类机体需求时，必将造成非蛋白质营养或蛋白质的浪费，而且代谢产物还污染了水质。其次，我们不仅要关注蛋白质的量，更要关注蛋白质的营养价值，也就是蛋白质的质量。被鱼类摄取的蛋白质被消化分解为氨基酸才被吸收。组成蛋白质的氨基酸有 20 多种，可分为必需氨基酸和非必需氨基酸。鱼类的必需是指在鱼体内不能合成，必须从食物中直接摄取的氨基酸。摄取量不足时，则鱼生长缓慢甚至停止生长。10 种必需氨基酸有精氨酸、亮氨酸、色氨酸、苏氨酸、蛋氨酸、赖氨酸、缬氨酸、组氨酸、异亮氨酸、苯丙氨酸。此外，还有 8 种非必需氨基酸，是指鱼体内可以合成氨基酸。为了保证鱼体的合理营养需要，一方面要充分满足鱼体对必需氨基酸的需要量，另一方面还必须注意各种必需氨基酸之间的比例平衡。故饲料中 10 种必需氨基酸之间的比例关系与所饲养的鱼维持生命活动和快速生长所需的比例一致时，则该饲料转化率高，饲料系数低，鱼也健康。优质饲料很大程度上提高鱼的生长潜能，降低饵料系数，最终提高了经济效益。

但必须看到，有的厂家只是片面地提高饲料中的蛋白含量，而不重视蛋白的质量，不重视动物蛋白和植物蛋白的搭配，必将造成了鱼的长势不好，饲料系数过高。也有的则靠添加某种激素，以提高其生长速度。这几种情况势必给养殖户朋友们最终造成重大的经济损失。

另外，切忌投喂发霉变质的饲料，否则会引起鱼类生病或死亡。

（4）定位：每次投喂都在相对固定的位置投喂，使鱼养成定点摄食的习惯。

五、日常管理

1. 水质管理

水质调节是整个养鱼生产中的重要工作，传统养鱼要求水质"肥、活、嫩、爽"，同样适用于配合饲料养鱼。但不要求水太肥，"活、嫩、爽"的水质则更好一些。

肥：即使水保持一定的浓度。一般用透明度来表示。配合饲料养鱼的适宜透明度应保持 25～30 厘米。

活：是指水的透明度和水色经常变化。

嫩：水色嫩绿、嫩褐色，像清塘不久后的水色一样。

爽：水质清爽，水色不太浓，透明度适宜。

水质调节的方法：

（1）适时加注（换）水，增加水位。在鱼类生长旺季，每 10 天左右加注 1 次新水，早春、晚秋也要半月左右加注 1 次新水。每次加注 10～30 厘米。另外，水质变差时可适当换水，每次换水量在 30～50 厘米。

（2）用生石灰改良水质，每半月左右用生石灰进行水质改良，用量为 15～20 千克/亩。

（3）调节水中浮游生物数量和组成。若浮游生物过量时，可用药物全池泼洒清除。

（4）适时使用增氧机，调节水质。

2. 加强日常管理工作，坚持"六四"

（1）四早：即早清整池塘、早放养、早投喂、早下住塘头。

（2）四看：即投饵管理中注意看天气、看水质、看水温、看鱼活动情况。

（3）四勤：即勤巡塘、勤检查、勤做清洁工作、勤分析研究。

（4）四防：即防泛池、防病、防汛、防盗。

（5）四定：即定时、定量、定质、定位。

（6）四消：即水体消毒、鱼体消毒、工具消毒、饲料食场消毒（配合饲料无须消毒）。

3. 增氧机的使用

增氧机的三大功能——增氧、搅水、曝气。合理利用增氧机能增加溶氧，改善水质，提高产量。

（1）鱼类浮头的前兆

① 5～9 月份，一般在天气闷热或雷雨前后，由于气压低造成水中缺氧。另外，水质肥浓或刚施肥不久或大量投饵的鱼池易发生浮头。

② 池水突然变黑、变坏，有恶臭，水面有气泡，易发生浮头。

③ 小杂鱼、虾游集池边，甚至小虾爬到岸上，可能是严重浮头的先兆。

④ 鱼群暗浮头，集中到水的上层，散乱而不下沉。

（2）浮头轻重的判断

① 黎明前后开始浮头，日出即消失的为轻浮头；如果傍晚或半夜就开始则为重浮头。

② 浮头时鱼远离池边，并成群游动，听到人声即散的为轻浮头；如散乱遍布于池边，对人声无反应则为重浮头。

③ 池塘内有鳊鱼浮头为轻浮头；如果草鱼已浮头，则情况较重；如鲫鱼、鲤鱼已浮头，则为严重浮头，这时鳊鱼、鲢鱼可能已死亡。

（3）浮头的预防及解救

① 暗浮头常出现在饲养前期（4～5月份），这是池鱼初次浮头，必须及时开增氧机或加注新水，否则会因鱼类尚未适应缺氧环境而陆续死亡。

② 对可能发生泛塘的鱼池，可使用食盐、明矾等沉淀水质，使悬浮物质迅速沉淀，可减轻浮头的程度。

③ 已发生浮头时，应立即加注新水或开增氧机。如果既无增氧机又无新水源，可用泵抽鱼塘水向上扬起增氧，但中途不宜停止，直到整个池塘溶氧上升或日出。

④ 严重浮头时，有条件的可用药物，如鱼浮灵等对水体进行增氧，减轻浮头。

⑤ 如已泛塘，鱼已死亡，应捞取浮于水面的死鱼，然后再拉网，把死后沉底的捞出。特别注意的是，在鱼已发生严重浮头时，不能捞取死鱼，更不能拉网，否则会造成更大的死亡。

（4）合理使用增氧机

① 必须根据增氧机的作用和不同情况确定开机时间。

② 必须抓住不同天气，有的放矢使用增氧机。

晴天的中午开机，可减轻或减少浮头发生，并能搅动水体，打破温度、pH 值等跃层，还清"氧债"，并有利于加速底泥中有机物分解、循环，防止亚硝酸盐和 H_2S 等有毒物质的形成和增加，提高水体自净能力。

阴雨天，浮游植物造氧能力不够，这种天气夜里往往会发生浮头，夜里应尽早开机。开机后不能停机，要一直开到天亮日出。

生长季节，黎明时可适当开机，发挥增氧机的曝气功能，使夜间聚集的毒气逸出。

综上所述，开机的原则是：晴天的中午开，阴天的凌晨开，傍晚不开，浮头前开，阴雨连绵半夜开，鱼类生长季节天天开。运转时间采取：半夜开机时间长，中午开机时间短，天气炎热面积大开机时间长，天气凉爽面积小开机时间短。

4. 做好池塘日记，便于总结

池塘日记主要用于记载每天在池塘进行的各项工作和观察到的各种现象。它对于工作中分析前阶段的情况，决定下一步的措施，以及总结经验、改进技术，都具有十分重要的作用。

池塘日记应包括：日期、天气、水温、水质变化情况、鱼体观察和鱼病防治记录等项目。

职业能力测试

1. 成鱼养殖过程中投饵率的确定依据是什么？
2. 池塘养殖成鱼水质基本要求有哪些？
3. 水质调控的基本方法有哪些？
4. 如何合理使用增氧机？
5. 鱼类浮头的解救方法有哪些？

第八章　鱼类的越冬

　　鱼类对温度下降比较敏感。自然条件下，鱼类会做出一些行为躲避或者适应寒冷的气候或者水温，向其他温暖水域迁移，或向深水区迁移，这种形式称为"越冬洄游"。如在我国北方沿海产卵的小黄鱼（Pseudosciaena polyactisct-si），秋后向黄海南部和东海北部海区洄游；北冰洋的高山红点鲑（Salvelinus aipinus）秋后便游进水温略高的河流或湖泊，并在那里越冬；北美大西洋沿海的长棘床杜父鱼（Myoxocephalus octodecimspinosus），冬季到20米深的水域避寒。

　　鱼类能通过耐受寒冷的方式使自己适应环境，进行正常的生活周期，并利用环境中的生态潜能，最后达到与环境妥协，即在一年中比较适宜的季节活跃地生活、进行繁殖，其余时间在不活跃的状态中度过。有些鱼类适应了当地的气候条件，在冬季低温时依然可以摄食、生长；而有些鱼类则停止摄食，直到水温恢复到一定水平。对于后一种情况的鱼类来说，冬季是一个非常关键的时期，或者增强适应性存活下来，或者超过耐受极限而大批死亡。适度的寒冷可以引起鱼类许多生理变化。鱼类通过这些生理变化使自己能更有效地在较低的温度下生存。

　　在寒冷地区每年较长的结冰期内（有的长达5～6个月），一些池塘和小型湖泊、水库中的某些养殖鱼类常发生大量死亡现象。中国北方几省历年池塘越冬的鱼种平均死亡率达 20% 左右，个别地区甚至高达 100%。某些亚热带、温带地区虽无结冰期或结冰期甚短，但热带鱼类（如非鲫、鲮等），如遇低温也会死亡。

鱼类是一种变温动物，体温随着外界环境的变化而变化。同时，鱼类对外部水环境的温度变化比较敏感。有试验结果表明，鱼类感受温度变化的阈值为 0.05 ~ 0.1℃，最低可达 0.03℃。鱼类对环境温度的敏感性在不同温度范围也有差异，一般情况下，鱼类属于"冷敏感性"，即敏感性在温度降低时反应增强，而温度升高时反应减弱。

一、鱼类越冬环境改变

低温季节环境变化对养殖鱼类的影响主要有以下两方面：一是缺氧：北方地区养殖水域由于被冰层覆盖，水与大气隔绝，水中的氧不能从大气中得到补充；冰层上的积雪使水域中的光照强度下降。而在南方冬季不结冰区域，气温水温下降，水生植物的光合作用减弱乃至停止。这都会使氧的来源基本断绝，此时，水中有机质的分解以及动、植物的呼吸却继续消耗氧气。这种情况下，对于养殖鱼，如不采取措施，则由于溶氧量过低，将引起鱼类大量窒息。动、植物的呼吸还使水中二氧化碳浓度逐渐增高，这也会加速鱼类死亡。此外，在水体缺氧的情况下所产生的硫化氢，即使微量也会对鱼类产生极大危害。二是低温。冰下水温通常在 4℃ 以下，这时某些养殖鱼类基本停食，基本上处于饥饿状态，仅依靠体内贮存的脂肪及肌肉蛋白质等的消耗来维持生命。因此，每年鱼种越冬时损失是很严重的。如鱼体瘦弱，不仅难以在漫长的结冰期内生存，而且极易感染疾病。0.5℃以下的长期低温还能冻死某些鱼类。即使在不结冰的水域，某些移殖鱼类在一定程度的低温时也会死亡。

温度是影响鱼类活动最重要的环境因素。鱼类属于生活在水中的变温动物，所以它的生理机能、摄食量都随着水温的变化而变化。大多数鱼类的体温与周围水温相差在 0.5~1.7℃之间，而幼鱼的体温往往与水温相同。水温的变化对鱼类的各种生理活动会产生非常强烈的影响，主要表现在摄食、存活率、繁殖、生长等方面。鱼类经过长期特定环境的影响以及自然进化过程中的分化，不同的鱼类适合的环境温度也不同，高于或者低于鱼类的最适生活温度都会对鱼类的生理生化指标产生影响，甚至引起鱼体死亡。

鱼类是生活在水中的变温动物，根据鱼类对温度的耐受力不同可以将鱼类分为广温性鱼类和狭温性鱼类。前者对温度变化的适应能力较强，分布很广，而后者适温范围较窄，因此，它们的分布受到地域性的限制。对不同的鱼类进行低温胁迫，观察它们在低温胁迫下行为表现，对它们在低温胁迫下生理、生化指标的变化进行分析比较研究，不仅在低温对鱼类的生理生化方面影响的基础理论研究很有帮助，而且对鱼类抗寒育种、亲鱼幼鱼越冬等方面也具有实践意义。

已有很多国内外学者对鱼类的致死低温进行了研究。一般人们将鱼类起始致死温度定义为将鱼转移到一系列低温胁迫环境中，在一定时间内当50%的鱼不能生存下去的温度被称为起始致死低温。关于致死低温点的确定国内外尚无统一的标准，国际上多赞同学者 Cox 的说法，即鱼体失去平衡并失去逃避能力的时候的温度点位为致死低温点。对相同规格的鱼采用不同的降温速率的低温胁迫方式，鱼的死亡水温范围和致死低温点也不相同。马旦梅等采用1℃/3 小时、1℃/6 小时、1℃/8 小时、1℃/12 小时和1℃/24 小时 5 种降温速率对吉富罗非鱼进行低温胁迫，发现吉富罗非鱼的致死低温随着降温速率的加快而降低。此外，鱼的规格大小、驯化温度也影响着鱼的致死低温点。测定致死低温的降温方法比较多，但目前研究者多采用1℃/24小时的降温方法来研究鱼类的致死低温，认为在此降温速率的降温下不会对鱼体产生冷冲击，能较真实地反映鱼体耐受低温的能力。

在低温胁迫下，随着温度的降低，鱼的活动能力减弱，摄食量下降甚至停止。当水温下降超过鱼类适合生存的水温时，鱼体将静止，呼吸频率变慢，失去平衡，甚至死亡。随着低温胁迫时间的延长，鱼体在受到饥饿和低温双重因素的影响下，形态指标和各组织器官的成分也会发生改变，具体表现为，随着体内贮藏的营养物质如脂肪、糖原等的消耗来满足能量代谢需求，鱼体重与肥满度下降，肝体指数与脏体指数也随之下降。肌肉中粗蛋白与粗脂肪被消耗，含量也会下降，水分随着胁迫时间的延长而上升。此外，越冬鱼类的个体太小、有伤病或水的 pH 值等环境因子不适于鱼类生存时也会导致鱼类死亡。

二、导致鱼类越冬致死原因

1. 水位过浅造

冬季雨水较少，需保证越冬池正常的水位有一定要求。这具体与寒冷程度有关，一般越冬平均水位保持到 1.2～

1.5 米最佳，如果水位太浅，极易造成冻伤。鲤鱼越冬底层水温保持 6~10℃较佳，若水温突降至 2℃以下则易直接冻伤鱼的皮肤和肌肉，并形成诸多并发症，造成安全隐患。

2. 水质差和底质差

水质差和池塘底臭严重会造成鲤鱼越冬死亡。主要表现为底泥过厚，形成诸多有毒气体，如硫化氢、甲烷，同时低级胺类、低级脂肪酸类、亚硝酸盐、氨氮等从底泥逸出进入水体，这些气体和物质会使鱼处于慢性中毒状态，时间久了会导致大量养殖鱼类死亡，造成巨大经济损失。

3. 疾病原因

冬季水温低，鱼类活动能力减弱，若感染车轮虫、鱼鲺等寄生虫，则造成冬季出现各种不利的症状，如果不及时采取措施，进而会形成冻伤，滋生水霉诸病，出现慢性死亡等。越冬期间会因水质过绿偏肥及天气等原因而患气泡病，来势凶猛的气泡病会造成大规模死亡，特别是春节前后气泡病最为常见，在水位浅和冰封厚度大的状态下气泡病越严重。因此应特别小心，否则会造成巨大经济损失。

4. 水体盐碱度过高形成慢性死亡

盐度和 pH 值过高会造成鲤鱼越冬死亡。鲤鱼越冬期间对盐碱的忍耐能力小于花鲢、草鱼和鲫鱼，若到达忍耐极限（盐度 >15，pH 值 >9.5）会形成沉底死亡，严重时全军覆灭。

防治措施：泼洒巨鲢亮藻素降低盐碱度，并加注一定量的淡水。

5. 擦伤及霉菌真菌引起慢性死亡

冬季捕捞频繁，鲤鱼体表鳞片脱落，肌肤严重受伤，加上水质污染等，会造成霉菌和真菌的感染泛滥。病鱼漫游、体色灰暗，往往伴随鳃出血等，形成慢性死亡。该病比较顽固，死鱼较为严重。

6. 亚健康造成越冬成活率下降

秋季投喂期选择的饲料质量不过关，鱼类会因营养问题而导致亚健康，主要表现为肿肝、黑胆、红脾、血肾、鱼油超标等症状。这样的鱼在越冬期间会出现冰下打转、漫游、爬边、体黑、偷死等现象，造成一定的经济损失。

三、鱼类越冬的方法

养殖鱼类安全度过低温季节的主要方法有止水越冬、流水越冬、网箱越冬和室内越冬等。

1. 止水越冬

将养殖鱼类置于条件适宜的池塘等静止水体中越冬，一般在缺乏流水条件的地区使用。供越冬水体的冰下水深以 1～2 米（冰层达最大厚度时）为宜。投入鱼类前应尽量清除过多的水草和水底质表层有机物，并对水体用石灰消毒，以减少越冬期对氧气的消耗。放养量一般为每立方米水体 0.15～0.25 千克。放养后对渗漏的鱼池定期及时补水，水质要清新，避免注入含硫化氢、过量的铁及遭污染的水。水体的溶氧量应高于 3～4 毫克/升，否则即用增氧机或生物方法增氧。生物增氧就是利用某些喜低温和低光照的浮游植物进行光合作用，从而为水体提供充足的氧。为此，要在放养前调节水质，并消灭过多的浮游动物，放养后及时扫去冰面的雪并适时施肥，以使浮游植物持续生长。采用生物增氧不但节约能源，又可改善水质，单位水体放养量可因而提高至 0.5～1 千克/米。但如浮游植物大量繁殖，以致溶氧量达过饱和程度时，会使鱼类患气泡病。

2. 流水越冬

利用温度适合和富含溶氧的水不断自行注入和排出鱼类越冬水体，以使鱼类安全越冬。可利用泉水、河水或水库底层排水等。日常管理中除注意水温、溶氧外，还应注意注、排的水量不宜过大，否则会使鱼过度游动而导致鱼体瘦弱。

3. 网箱越冬

选择溶氧充足、水温适宜的水库或湖泊放置网箱，使鱼类在沉入水下的网箱中越冬。放养密度视水中溶氧量而定。网箱要设置在溶氧最丰富的水层，并避开冰冻层和生物附着层。

4. 室内越冬

在鱼池上建塑料薄膜大棚或玻璃温室以保温并利用阳光升温，使鱼类安全越冬。中国南方地区非鲫、胡子鲶、鲮等热带性鱼类的越冬可采用此方法，也可采用工厂温排水和地热水（温泉或暖井）提高池水温度，或用锅炉或其他加热器加热。

为提高越冬鱼类的存活率，除采取越冬措施改善环境条件外，放养鱼须规格大（如当年的鲤、草鱼、鲢、鳙等鱼种体长在 10 厘米以上）、肥满度高、健康状况良好（无病、无伤）。对曾患病的鱼在越冬前须进行药浴。

四、鱼类越冬的管理

1. 做好鱼体检查，杜绝病鱼越冬

随着水温的降低，微生物的繁殖速度减弱，越冬前后鱼病也明显变少，但适应于低温的部分真菌和寄生虫类的车轮虫还潜伏在水体中，随时可导致鱼体水霉病和寄生虫引起的烂鳃病，尤其是拉网过后的鱼塘就更加明显。但由于冬季鱼类的活动量减弱及水温环境因素的影响，使病鱼在水面上难以被发现。如果池塘结冰后发现鱼病，再进行治疗就比较麻烦，而且得不到很好的治疗效果。因此，越冬前应做好鱼塘用药的预防工作。方法是：在天气暖和的午后亩用 200 克溴氯海因泼洒 1 次，隔 2～3 天后再亩用 200 毫升的车轮灭（苦参碱）泼洒 1 次，可有效预防冬季病害的发生。

2. 增加鱼体脂肪，提高鱼类体质

许多渔农都知道：鱼类越冬后鱼体均有不同程度的消瘦，一般四大家鱼体重可减轻 5% 左右，特别是草鱼和鳊鱼的体重下降还会更大。这是因为鱼类停食后，进入半冬眠状态，虽然鱼类因低温不需要大量的能量，但鱼在较低的水温下仍会有一定的活动，促使鱼机体内脏还需要一部分能量来维持生命。有些渔农认为，在鱼长成成鱼之后可以投喂一些低质量饵料，以减少鱼塘的投入，其实这样并不科学，在鱼类停食前 20 天甚至一个月内反而更应适当投喂一些高质量的精饲料，如鲤鱼料的蛋白质应在 32% 以上，草鱼料的蛋白质应在 28% 以上。最好在饲料中添加 5% 左右的玉米，以增加饲料有效糖的含量，从而增加鱼类的脂肪，增加鱼体肌肉的厚度。这样，鱼体可以避免严寒气候带来的冻伤，有效减轻越冬带来的"掉膘"问题。

3. 加强池水管理，提高水体质量

冬季鱼塘冰封后，池底水温并不一定很低，沉积在池底的残饵、粪便和一些死后的浮游动、植物依然会发酵分解，这样既消耗水中的溶氧，又产生出类似夏季池塘中常见的氨氮、硫化氢等有害物质。再加之冬季低温、光照时间的缩短、微生物的减少、溶氧的降低等因素的影响，致使有害物质在低温下难以分解转化。因此，在低温下消除水体的有害物质比夏季高温时困难了很多。所以，对越冬池塘最好在水温不低于18℃时亩用0.5~1千克的生物制剂EM菌泼洒1次，或者采用"磁性水质改良剂"（硫酸铝和强机体复合物）亩用1千克泼洒1次。当鱼类完全停食后，亩用150~200毫升的"轮虫快克"（主要成分为乙酸素）可有效预防水体中浮游动物的过量发生，从而能够保证越冬鱼塘的水体质量。

4. 推迟停食时间，冬季合理投喂

常见的温水性鱼类在水温10℃以下时就有明显的停食表现，此时大部分渔农也习惯不再给鱼投喂饲料了。经过我们对鲤、草、鲫、鳙在水温低于10℃时做过的多次试验表明，这些鱼类每天给极少量的饵料，在短时间内仍能很快吞食。由此可见，鱼儿冬季的停食时间越晚越好，即使在停食之后，选择在晴朗的午后投喂少量的饲料也是有好处的。

5. 搞好水体增氧，确保安全越冬

严寒的冬季已是冰封水面，为了让鱼儿安全越冬，我们建议在结冰前把增氧机偏移向料台附近，每天定时开机半小时左右，这样以保证增氧机附近即使在严寒的冬季也不结冰，以达到冰下水体长期通风换气、提高水体溶氧的作用。另外，对渗水的池塘，要定时加注新水，保证冰下水的深度最好在1~1.5米之间。加水时一定要从下而上加水，切莫形成二茬冰，防止鱼类冻伤冻死。同时，在大雪天气要合理地清扫积雪，保证冰下浮游植物的光合作用。

（1）生物增氧

①避免雪封泡。封冰期长、冰层厚的鱼池，可隔一段时间在冰上打孔增氧。遇到雪封泡的年份，应分区破除乌冰、重结明冰，以防发生缺氧。

②杀灭浮游动物，减少耗氧因子。越冬水体因浮游动物多而引起缺氧时，用90%晶体敌百虫化水全池泼洒。杀灭剑水蚤时使池水达到1ppm（1ppm＝1mg/kg）药物浓度；杀灭轮虫时使池水达到2ppm药物浓度。封冰后可打冰眼用水泵将药物溶液冲入水中。

③打冰眼挂袋施肥。池塘结冰后，鱼池内溶氧唯一来源是浮游植物光合作用，水体含氧量与浮游植物的种类、数量等密切相关。为了满足浮游植物对营养元素的需要，增加浮游植物生物量，从而达到增强光合作用，增加溶氧的目的，采取化肥挂袋法，2米水深每亩用尿素5~7千克；磷酸二铵2~3千克或过磷酸铵1.5~2千克、硝酸铵2.5~3千克混合使用。化肥袋用40~60目筛绢或白色塑料编织袋制成。把化肥袋悬于水面下，距离冰层10厘米左右。每亩挂袋5~10个，化肥袋分布要均匀，布局要合理。经过7~10天，池水溶氧含量可以达到5~11毫克/升。

（2）机械增氧

①补水增氧。往池塘里注水，注水的目的一是增加溶解氧，二是增大水体，降低密度。补水时，最好选择含氧量较高的江河水、水库水或者本场内具备这个条件的储备水。如果没有符合这个条件的水源，就应该在注水过程中

进行增氧。注水时，在水泵动力允许的情况下，尽量抬高注水管口，在管口加一定阻拦物，在入池处放一个质地较硬的迎水物，让水喷射、迸溅起来，增加与空气接触的时间和面积，提高其含氧量，进入水体后，有效地提升水体的溶氧量，让越冬鱼类尽早脱离危险。这种方法适用于渗漏较严重的、尚有一定蓄水能力的水体。

②原池循环水增氧。当没有补水条件时，就要进行原池水循环增氧，原理和补水增氧类似。用水泵将原池水抽出来，经过一定的流程和扬程，然后再注入原池中。在这个过程中，缺氧水体和空气进行气体交换，这个过程成为"曝气"，使富含氧气的空气进入水体，水体中的硫化氢等有害气体挥发出来。这一方法的缺点就是，时间不宜过久，否则，会造成水体水温下降，使越冬鱼类发生冻伤。而且，这种方法应以在白天进行为宜，除非发生严重缺氧，不宜昼夜进行，以免水温降低过快。

职业能力测试

1. 冬季养殖池养殖环境有哪些改变？
2. 导致鱼类冬季死亡的原因有哪些？
3. 简述如何预防冬季鱼类死亡。

第九章　活鱼运输

在我国，鱼类活体销售始终是最重要的出售方式，活鱼的有效流通输送是供应鲜活产品的前提保障。在活鱼运输过程中，由于运输工艺技术以及配套运输装备滞后，造成大量活鱼的死亡。据估算，每年运输途中死亡的活鱼至少在148.5万吨以上，而夏季是运输死亡的高峰期。

活体运输是鱼类移殖、引种和供应等环节市场活动过程中的一种鲜活流通方式。目前，采用有水运输方式对活鱼进行运输、配送、中转是其唯一物流模式，但对其进行系统的研究较少。日本对活鱼无水运输研究较为深入，并且在个别品种上开始推广应用；我国学者也相继对牙鲆、大菱鲆、泥蚶进行了无水保活研究，在实际应用上为流通者提供了参考依据。近年来，由于活鱼消费量的急剧增加，加速推动了鱼类活体运输产业的快速发展。从有水运输关键技术出发，通过停食暂养、添加麻醉剂、改进装备等方式，不仅能够获得更高的存活率，而且可大大延长运输时间。但运输成本、安全性，以及相关技术问题仍有待进一步研究解决。从无水运输技术角度思考，通过休眠、充氧包装、精准微环境运输、唤醒等关键工艺流程，实现了新型活鱼运输方式。但该技术并未得到推广应用，仍存在诸多节点技术问题。随着电子商务模式的不断发展和深化，对活鱼进行无水配送、无水快递是未来发展方向。

一、活鱼运输的种类

（一）水运法

水运法是在密封或开放的环境下，把鱼放入水中，进行充氧运输，其鱼、水比为1:(1~3)。这种方法耗水量大，充氧不方便；而且运输成本较高，不易操作，运输时人的劳动强度大。

水运法包括两种运输方式：①封闭式活鱼运输。该类运输容器体积小，单位水体中运输鱼类的密度大，但运输途中若出现漏气、漏水会影响存活率，因此大规模运输成鱼和鱼种较困难。②开放式运输。该类运输可随时检查鱼体活动情况，发现问题可及时抢救。因采取了增氧措施，故运输量大，但用水量大，装运密度比封闭式运输低。

（二）尼龙袋充氧运输法

尼龙袋充氧运输法适用于高档水产品的长距离运输，若配备冷藏车效果更佳。其中，用双层塑料尼龙袋充氧密封运输最为常用。鱼、水、氧气的比例为1:1:4，活鱼存活率80%以上。其方法是：选用厚0.1毫米的筒形袋，加入清洁的水，放入活鱼，挤压出袋内积留空气，将氧气由氧气瓶输往袋中，充氧量以尼龙袋膨胀无凹瘪为度；充氧结束后立即用橡皮筋扎紧袋口，再将袋置于如木箱等刚性容器内。此法不受运输车辆限制，但尼龙袋只能使用1~2次，途中鱼体排污物不便清除，袋易刺破炸裂而产生漏水、漏气现象，且运输方法成本较高，只适合运输小批量的鱼。运输时不易操作，鱼的存活率很难保证。

（三）无水湿法

无水湿法仅适用于耐低氧能力强，尤其是在低温条件下生理耗氧量较少的鱼类，例如：泥鳅运输时，鱼体仅保持一定湿度，用数层湿纱布盖住鱼体，必要时使用碎冰、干冰和麻醉剂。运输10小时内存活率达95%以上。该法包装体积小，能大幅度节约运费，尤其适合空运，但适用范围较小。

二、影响鱼类运输成活率的因素

（一）活鱼体质

鱼体状态是影响运输效率的重要因素之一，直接关系到物流各环节的持续作业。实践证明，良好体态的活鱼对水环境恶化具备较强的抵御能力，而处于受损害、生病或亚健康状态的活鱼则相反。因此，在活鱼流通前，应根据其体表是否出血发红、鳞片脱落、黏膜损伤等现象鉴别健康程度。通常情况下，异常活鱼会出现体表发白、眼珠白浊、皮肤充血、脱鳞、有伤口或鱼鳍破损等状况，而健康活鱼则体表光滑、色泽光亮。其次，可借助鱼体游动情况判定健康程度，异常活鱼会沉于池底或浮头，游动时鱼鳍异常、离群或独处一角等，反之则游动轻松平稳，鱼鳍舒展。此外，观察应激反应亦可确定活鱼体态，健康活鱼对外界刺激反应强烈，而病鱼或体表受伤的活鱼无明显反应。综上所述，通过对活鱼进行有效挑选，可保证其活体运输的质量。活鱼运输前，除鱼苗外，都必须按要求进行锻炼，以提高运输成活率。夏花和鱼种一般需要经过2~3次拉网锻炼，长途运输的鱼类还要在清水池中"吊养"一晚方可起运。食用鱼和亲鱼在运输前7~10天要停止施肥，运输前1~2天停止投饵，并经拉网密集锻炼或蓄养后方可运输。

不同种类的鱼在运输过程中对环境的反应不同，存活率也不同。如鲢鱼性情急躁，受惊即跃开激烈挣扎，因此在运输时容易受伤，鲤鱼等性情温顺受惊不跳跃，运输时则不易受伤。同种鱼类，其大小不同，耗氧率也存在差异，个体越小，单位体重的耗氧率越大。

（二）运输工具

运输工具是实现活鱼流通的重要设施装备，对其运输距离、运输时间和运输品种等起着决定性作用。在实际运输过程中，通常情况下，长距离、大批量的活鱼运输均选择中型或大型运输货车，短距离、小批量的活鱼运输均选择小型水产专用运输三轮车；以家庭、酒店、零售商等为单元采购或同城配送均选择使用塑料袋、泡沫箱等包装运输。活鱼运输工具呈现出多样化、灵活性强等特征。运输工具的选择直接关系到活鱼的流通成本，并影响到其销售价格。与国外相比，我国活鱼的运输工具仍处于落后状态。目前，现代化活鱼运输专用车包括增氧、制冷、加温、过滤等设备。我国所采用的活鱼运输车，无论是用于长距离运输还是短距离配送，均是通过对普通货车改造而成的运输车，而用于活鱼运输的专用车数量甚少。调查发现，形成这种格局的主要原因有：①采用改装的货车运输可大大降低运输成本；②普通的养殖场无法承担专用车巨额购置费；③用户早已形成惯性思维，不愿接受其他高成本的新型运输；④国家缺乏统一的水产品活体运输标准。上述原因是制约我国活鱼运输工具，以及冷链物流业发展的关键。在保证运输专用车的优势及先进性的前提下，降低其生产成本，使之一次性投入长年受益，加强推广，建立健全国家水产品活体运输标准，以及第三方物流辅助作用。

（三）运输环境

运输环境是活鱼运输过程中最重要的影响因素，直接决定运输时间及存活率。对有水运输而言，运输环境即水环境，主要包括水温、水质、溶氧、密度等。虽然鱼类是变温生物，可随水温变化而变化，但是当温差 >3℃时，鱼体会产生应激反应，不利于运输。因此，在运输前后应始终保持水温的稳定性，避免活鱼遭遇温差产生的应激。研究表明，春秋两季，冷水性鱼类为 3 ~ 5℃，温水性鱼类为5 ~ 6℃。夏季运输时，冷水性鱼类为 6 ~ 8℃，温水性鱼类为 10 ~ 12℃。冬季运输是均为 1 ~ 2℃。运输鱼苗时，温水性鱼类为 15 ~ 20℃，水温不宜低于 15℃，冷水性鱼类为10℃，不宜高于 15℃。低温可明显降低呼吸频率和体内新陈代谢，同时减少由于震荡引起的相互碰撞。

在开放式运输鱼类中，活鱼运输的密度取决于水中溶氧量大小。几种主要养殖鱼类耗氧率的高低顺序为：鲢 >鳙 >草鱼 >青鱼 >鲤鱼 >鲫鱼。鱼类生存的最低含氧量则为 1.5 ~ 2 毫克/升。

水质主要影响因素包括 pH 值、氨氮、二氧化氮、悬浮物、尿酸和尿素等，在运输过程中，无论上述任一因素超标均易导致鱼体死亡。水体溶氧量与密度成反比，运输密度增加会降低水中溶氧量，因此，在增加运输密度时，相应增加增氧措施，以满足水中溶氧要求。传统的活鱼运输方式并未对运输环境进行有效控制，所以导致运输存活率低，尤其是长距离运输，存活率更低。在夏季运输时，为了保证水温不超过最高上限，只是简单地添加冰块进行降温，而水质、溶氧、密度等无法调控。采用落后的运输工具进行活鱼运输的传统方法限制了运输环境的优化改良，也制约了活鱼运输行业的发展。运输环境的自动化、智能化精准监控系统的建立是未来活鱼运输的发展方向，通过创新设计新型的运输工具，实现运输环境的有效调控。

三、提高活鱼运输成活率的方法

（一）水质改善

有些人认为卖鱼前调节水质是浪费，这种做法风险很大。氨氮、亚硝酸盐超标会使鱼中毒处于危险状态，拉网应激会雪上加霜，难逃劫数。缺氧浮头后的鱼体质往往要几天后才能恢复，因此严禁在发生浮头缺氧后拉网卖鱼。

处于拉网应激兴奋状态的鱼体耗氧量会提高 3~5 倍，水体溶氧充足，鱼会处于安静状态，耗氧会也保持在较低水平，相反溶氧不足，鱼会蹦跳不安很快衰竭死亡。在网箱中挑鱼时要把增氧机拉近网箱开动起来，防止鱼密集而缺氧。拉鱼车水箱要在装鱼前就开始充氧，不要等鱼全部装好后再充氧。拉鱼车要有备用充氧方式，防止充氧泵故障时手足无措。

水温越低，鱼的活动能力越弱，对氧气需求也越少，运输越安全。不过鱼不能经受温度剧烈升降，通常一个小时内，鱼耐受的温差不超过 5℃。夏季拉鱼车加冰时，要等鱼装满后再加冰，防止与塘水温差太大，造成鱼应激死亡。

改善水质，拉网前泼洒光合细菌和葡萄糖，运鱼箱内放光合细菌和葡萄糖也有助于运输。

（二）暂养

暂养亦称蓄养，是指人们将捕获于天然水域或人工养殖中的水产生物转移至人工条件下进行停饵驯化保活，是

活鱼运输前的必备环节，直接影响其运输时间的长短。暂
养环境条件因品类的基本生活习性、生理特征、运输方式
等而异。待运或待售前的暂养主要是通过停食的方式，促
进鱼体代谢物的排泄，以减少其新陈代谢，降低运输中的
耗氧量，减小应激反应，延长其保活时间，提高存活率。
在暂养过程中，其基本要求是保持水中充足溶氧，保证水
质清洁和最适生存水温。与此同时，应考虑鱼体暂养密度、
暂养时间对运输前的影响。暂养密度一般不易过大，具体
情况可根据暂养设施及时间确定，暂养时间最好在 48 小时
以上，但不宜过长。暂养密度较大时，会导致相互之间碰
撞造成损伤，以及由于水中溶氧量不足造成间接性死亡。
暂养时间在 48 小时以上、72 小时以下为最佳状态，暂养 48
小时以下会由于鱼体内代谢物未排泄充分而导致运输存活
率降低，暂养 72 小时以上会由于鱼体重量下降以及劳动成
本的增加导致销售价格增加。此外，为了提高运输时间及
存活率，通常采用低温有水运输。然而，将活鱼直接从生
存水温环境转移至低温环境会产生强烈的应激反应，因此
需要对其进行过渡处理，即在暂养过程中，平均以 0.5～3
摄氏度/小时速率降低水温，以避免活鱼对较大的水温差产
生应激从而影响运输效率。

　　（三）运鱼密度

　　运鱼的多少直接关系到鱼的生猛程度。一股情况下，
运输时间为 2～3 小时，可运 700～800 千克鱼每立方水体；
3～5 小时，可运 500～600 千克鱼每立方水体；5～7 小时
的，运输量为 400～500 千克鱼每立方水体。见表 9 – 1。

表9-1　尼龙袋运鱼苗、鱼种的适宜密度（单位：尾/袋）

运输时间（小时）	鱼苗（万）	夏花	大规格鱼种
10~15	15~18	2 500~3 000	300~500
15~20	10~12	1 500~2 000	—
20~25	7~8	1 200~1 500	—
25~30	5~8	800~1 000	—

（四）选择性缩短运输时间

由于运输容器体积小，承载能力有限，长时间运输极易使水体中的理化指标超标，一般经过5小时左右的运输，水中溶氧不足、二氧化碳增加、pH值升高和氨氮过高极为常见，这种情况下鱼体的应激胁迫时有发生。运输时间应参照运输当天气温、鱼种的耐低氧能力和运输密度，如银鲳、黄姑鱼和日本黄姑鱼等活动性强的鱼种运输时间宜控制在6小时之内，大部分鱼一次性运输时间不宜超过12小时。在具体实施时，不应超过运输时间上限，因为越是到运输后期，应激胁迫发生的概率越高，此时若有应激发生，鱼体死亡率可高达50%以上。因此，为了确保运输安全，要严格控制运输时间，如需作长途运输，应采取运输过程中及时更换容器水体或者建立运输中转的方式解决。

（五）注意抓鱼、运输操作规范性

选择在凉爽天气时，尽量避开高温期，采用柔软且大小合适的网具，动作要轻缓，避免鱼体损伤引起的体表出血、体内渗透压失衡和呼吸频率加剧等。从吊网将鱼拉到库边，动作要轻要慢，避免鱼拥挤摩擦受伤、应激。到库边捡鱼时，网口要设大，顺着鱼的方向，用一只手将鱼托起，顺鱼到装有水的水桶中，避免用两只手抓住鱼体，鱼要扳动，会加剧鱼的受伤和应激。整个装鱼过程，要轻，要快，鱼不离水。要控制单个容器的活鱼容器的活鱼数量，运输密度过高容易产生低氧胁迫。在活鱼装入前，还要及时使用增氧设备，避免水环境因子改变过快，减少鱼体应激反应。鱼体体色变黑、呼吸异常和身体失衡等都是鱼体受应激的表现，一旦发现有此类现象，应立即停止装载，将活鱼放回暂养池，并向池内注入大量新水，直至鱼体恢复正常。

（六）添加抗应激药物

根据应激胁迫的作用机理，采用添加抗应激药物方法，阻断应激胁迫通路，降低应激发生概率。现在的应激药物主要成分为微量营养素（维生素 C、维生素 E）、矿物元素、免疫多糖、中草药及氨基酸等，市售抗应激药物有应激灵、抗应激灵和维生素 C 应激灵等，有复合型液体和粉剂两种。运输前期在饲料中酌量添加抗应激药物投喂（添加量为每千克饲料 10 克应激灵），或者在运输时在水体中掺入适量抗应激药物（每立方米水体添加 10～15 克应激灵），具有削弱应激因子的影响、减轻运输胁迫症状和增强机能免疫功能的作用，使机体适应新运输环境，提高活鱼运输存活率，效果十分明显。

（1）青霉素：每 100 千克水加 60 万国际单位。每立方米水体 400～800 万国际单位，以防鱼病发生和运输中水质变坏。

（2）食盐：在水体中每立方加入 3 千克食盐，可以减少鱼体表黏液产生，防止脱黏，避免黏液在运输过程中败坏水质。使水的盐浓度达 1.5‰，也可调节鱼体内外渗透压和防治鱼种外出血及感染。

（3）浮石粉：每立方水体加入 10 千克浮石粉，可以吸附水箱中的氨，减轻氨中毒而出血发红死亡。

（七）麻醉

麻醉是采用麻醉剂抑制鱼体中枢神经，抑制其对外界的反射与活动能力，从而降低呼吸、代谢强度和减小应激反应。活鱼在流通运输前或过程中，使用麻醉剂可有效提高存活率与运输时间，增大运输密度。目前，应用于鱼类的麻醉剂近 30 余种，但用于鱼类运输领域最常见的主要有二氧化碳、烷基磺酸盐同位氨基苯甲酸乙酯（MS－222）、丁香酚等。高浓度二氧化碳通入水中可使活鱼因缺氧失去知觉而处于麻醉状态，并达到有效装卸及运输。该方法安全可靠、价格低廉、无药物消退期、无药物残留，但存在麻醉和复苏时间长、麻醉剂量难以控制的不足。MS－222 是广泛应用于水产品各流通销售环节的麻醉剂，易溶于水，入麻时间短，复苏快，存活率高，无毒害。虽然 MS－222 已获得美国食品与药品管理局（FDA）认可，但 FDA 要求经 MS－222 麻醉的食用鱼必须经过 21 天的药物消退期才可投入市场销售。由于 MS－222 使用剂量较高且价格昂贵，多应用于名贵水产品。目前，国内市场用运输麻醉领域最多的麻醉剂为丁香酚提取液，其溶解性高、效率高和成本低。丁香酚提取液能够快速地从血液和组织中排出，不会诱发鱼体产生有毒和突变物质。目前，上述常用鱼类麻醉剂仍存在诸多问题需要解决，如安全问题、剂量问题、操控问题等。在产品食用安全基础上，确定最佳剂量、作用时间和操控标准等，以完善麻醉剂使用机制。随着人们安全意识的大幅提升，选择天然绿色诱导休眠剂代替麻醉剂的研究以及推广应用将主导和引领未来行业的发展。

职业能力测试

1. 简述现代活鱼运输的方式，每种运输方式适宜对象和注意事项。

2. 论述影响活鱼在运输过程中死亡的原因。

3. 如何高效地增加活鱼运输中的成活率？

第十章 鱼类的饲料

饲料是指能被水产养殖动物摄取、消化、吸收和利用的各种物质。饲料对于水产养殖动物的作用有两方面：一是为水产养殖动物提供必需的营养物质，或者说是水产养殖动物赖以生存的物质基础；二是提高水产养殖动物对疾病的抵抗能力，促进营养物质的消化、吸收和代谢，提高饲料转化效率和水产养殖动物的养殖效益，减少饲料营养成分在贮存和加工过程中的损失，调控产品质量。另外，用某种单一原料或非全价的混合饲料养殖水产养殖动物，由于饲料营养物质的缺乏或不平衡，不能适应水产养殖动物身体代谢的生理要求或组织成分的生成，造成饲料转化率低，饲料系数高，降低了养殖效益。

水产养鱼饲料包括天然饵料和人工配合饲料。饲料既包括饲料原料，也包括由各种原料加工而成的工业饲料，如添加剂预混料和全价配合饲料等。所谓鱼用配合饲料，是指根据鱼类营养需要，将多种原料按一定比例均匀混合，经加工而成一定形状的饲料产品。配方科学合理、营养全面，完全符合鱼类生长需要的配合饲料，特称为鱼用全价配合饲料。

2005 年，我国水产饲料总量已经超过 1 000 万吨，水产饲料占饲料总量的比例基本稳定在 10% 左右，水产饲料已经成为我国饲料行业的重要组成部分。就水产配合饲料质量而言，饲料配方设计是关键，而饲料原料质量是重要基础，加工技术是保障。饲料原料的选择、原料的质量对配合饲料的质量具有决定性的作用，许多配合饲料质量问题是由饲料原料所引起；饲料原料的质量、价格也是决定配合饲料产品质量的关键性因素。

一、鱼类营养需求

（一）蛋白质和氨基酸的需求

蛋白质的需求是饲料配方首要考虑的因素。不同规格的不同鱼类在不同环境下对蛋白质的需求量各不相同。一般来说，肉食性鱼类对蛋白质的需求量大于杂食性鱼类，杂食性鱼类对蛋白质的需求量又大于草食性鱼类，幼鱼阶段对蛋白质的需求量大于成鱼阶段。以下是几种鱼类对蛋白质的一般需求量（蛋白质在饲料中的百分比）：草鱼20.8～27.7、鲤鱼31～38、团头鲂25.6～41.4、鲫鱼25～32、斑点叉尾鮰32～36、鳗鱼44.5、罗非鱼34～40。

蛋白质的基本组成单位是20种氨基酸。氨基酸分为必需氨基酸和非必需氨基酸。目前，已知精氨酸、组氨酸、异亮氨酸、赖氨酸、蛋氨酸、苯丙氨酸、色氨酸和缬氨酸等10种为鱼类的必需氨基酸，需要由饵料提供。由于大多数植物性饲料原料中缺乏赖氨酸和蛋氨酸，所以这两种氨基酸称为限制性氨基酸，需要添加动物性蛋白质原料（例如鱼粉）或直接添加这两种氨基酸予以补充。饲料配方中氨基酸是否平衡，或者说饲料中各种氨基酸是否满足鱼类的需求，是饲料配方必须考虑的主要因素，单纯地提高饲料蛋白质含量，并不能保证鱼类正常消化吸收蛋白质。比如，菜籽粕蛋白质含量高达37%，但其氨基酸组成不能鱼类的需求，因此单一投喂菜籽粕，鱼的生长速度慢、体质差易发病。

（二）糖、脂肪的需求

一般认为，鱼类对糖的利用率较低，并且鱼类对糖的利用率与鱼类食性有关，肉食性鱼类对糖的利用率比杂食性和草食性鱼类对糖类的利用率要低一些。

关于脂肪和必需脂肪酸的需求，草鱼饲料中脂肪含量 3%～8%；青鱼和鳊鱼饲料中脂肪含量 4.5%～8%；鲤鱼 4%～10%；罗非鱼 6%～10%。大部分鱼类以 $20:(5n-3)$ 及 $22:(6n-3)$ 等 $n-3$ 系列高不饱和脂肪酸（HUFA）为必需脂肪酸。

鱼类对饲料总能需求为 3 000～3 500 千卡/千克（1 千卡 =4.2 千焦）。在配方设计中，应注意能量与蛋白质之间的平衡，原因是蛋白质和能量的比例不适宜，会降低鱼类对蛋白质的利用。一般温水性鱼类的蛋白质能量比为 95～105 毫克/千卡。

（三）维生素的需求

维生素对鱼类生长代谢起着不可替代的作用。鱼类所需的维生素分为两大类：一类为脂溶性维生素，如 A、D、E、K 等；另一类为水溶性维生素，如 B_1、B_2、尼克酸（烟酸、维生素 PP）、B_6、泛酸、生物素、叶酸、B_{12}、胆碱及维生素 C 等。任何一种维生素缺乏或过量，都会影响鱼类对其他营养元素的吸收和鱼类正常生长，长期不足时会导致维生素缺乏症。比如，缺乏维生素 C，会导致鱼类患肠炎、贫血、瘦弱、肌肉侧突、前弯、眼受损、皮下慢性出血、体重下降、缺乏食欲、抵抗力下降丧失活力等。

由于饲料原料中不能足量提供鱼类所需的维生素，需
要以复合添加的形式加入。

（四）矿物质的需求

矿物质依其在动物体内的含量分为常量元素（如钙、
磷、镁、钾、氯和硫等）及微量元素（如铁、铜、锰、锌、
钴、碘、硒等），它们是维持鱼类生命及正常生理代谢不可
缺少的营养元素。比如，饲料中如果钙、磷含量不足，会
导致鱼类骨骼发育不健全，使鱼体呈现出短粗体形。饲料
原料中尽管含有各种矿物元素，但往往含量不足，需要以
添加剂的形式加入。

二、常用的水产饲料原料

（一）蛋白质原料

1. 单一蛋白质原料的养殖效果与使用限量

蛋白质原料是配合饲料质量的核心部分，在水产配合
饲料中蛋白质原料的选择和使用也是产品质量控制和产品
成本控制的关键所在。鱼粉、豆粕是优质的蛋白质原料，
优质、优价，它们的使用既决定了配合饲料的产品质量，
也决定了配合饲料的产品价格。而菜籽粕、棉籽粕的使用
使配合饲料成本显著下降，只要使用合理，配合饲料的质
量也会有保障。

根据文华等人的实验结果，在选用秘鲁鱼粉、大豆粕、
生大豆、棉籽粕、菜籽饼、芝麻粕、米糠饼、米糠、小麦
麸、混合麸等 10 种饲料原料，经粉碎后加入适量的水，制
成颗粒，晒干使用。经过 12 周饲养，草鱼的增重率分别为
鱼粉 0.62%/天、大豆粕 1.08%/天、生大豆粉 0.22%/天、
棉籽粕 1.19%/天、芝麻粕 0.76%/天、菜籽粕 1.04%/天、

米糠饼 0.32%/天、小麦麸 0.67%/天、混合麸 0.56%/天，以棉籽粕为最佳，大豆粕和菜籽饼次之，生大豆粉最差。而蛋白质效率则以小麦麸和混合麸为最高，生大豆粉和秘鲁鱼粉最低，这反映了鱼类利用蛋白质的一般规律。因为蛋白质是不可代替的营养素，鱼类摄取的饲料优先满足其蛋白质的需要：当摄取的蛋白质不足时，用于生长的比例大；当摄取蛋白质过多时，多余的蛋白质被转化为能量消耗掉，用于生长的比例小。

叶元土等在以 35% 的鱼粉、57% 的豆粕、68% 的菜籽粕、60% 的棉籽粕、52% 的花生粕分别组成蛋白质含量为 30% 的单一蛋白质原料的试验饲料，在室内循环养殖系统中养殖草鱼 64 天。各试验组草鱼的特定生长率分别为鱼粉组 $1.16 \pm 0.05\% \cdot d^{-1}$、豆粕组 $0.95 \pm 0.06\% \cdot d^{-1}$、菜籽粕组 $0.57 \pm 0.02\% \cdot d^{-1}$、棉籽粕组 $0.49 \pm 0.04\% \cdot d^{-1}$、花生粕组 $0.53 \pm 0.05\% \cdot d^{-1}$，鱼粉组和豆粕组获得很好的生长效果和饲料利用效果。在本试验条件下，各试验组草鱼的形体参数、内脏指数、主要免疫器官重量指数和血清非特异免疫力指标如溶菌酶和 SOD 酶、全鱼和肌肉主要营养成分等没有显著性的差异，对草鱼生长和生理机能是比较安全的。豆粕组草鱼血清的谷草转氨酶、谷丙转氨酶活力显著高于其他各组，显示肝胰脏可能受到一定程度的影响，而其他各组与鱼粉组结果无显著差异。鱼粉组草鱼全血血红蛋白含量为 $71.06 \pm 9.86 mg \cdot ml^{-1}$，显著高于其他各组，显示出豆粕组（$57.66 \pm 4.28 mg \cdot ml^{-1}$）、菜籽粕组（$60.27 \pm 0.19 mg \cdot ml^{-1}$）、棉籽粕组（$61.76 \pm 2.05 mg \cdot ml^{-1}$）、花生粕组（$58.59 \pm 1.49 mg \cdot ml^{-1}$）草鱼出现一定程度的贫血反应。因此，从生长效果和饲料利用率方面看，草鱼配合饲料优选的蛋白质原料应该是鱼粉、豆粕，其次是菜籽粕和花生粕、棉籽粕。如果考虑到饲料原料的价格，菜籽粕、棉籽粕的价格一般为鱼粉价格低25%～35%（生长速度为鱼粉组的50%左右）、为豆粕价格低50%～60%，花生粕与菜籽粕、棉籽粕的养殖效果无显著性差异，但原料价格一般高于菜籽粕、棉籽粕的价格20%～30%。因此，在原料价格高和配合饲料价格低的情况下菜籽粕、棉籽粕也是可选择的蛋白质原料，在试验条件下菜籽粕用量达到68%、棉籽粕达到60%没有对草鱼的主要生理机能产生明显的不利，对草鱼而言应该是较为安全的用量范围。

因此，有条件的企业应该加强对主要蛋白质原料如鱼粉、豆粕、菜籽粕、棉籽粕、花生粕等原料在不同养殖鱼类的使用效果，以及对生理机能的影响研究，以此确定不同种类配合饲料中各种主要原料的基本用量和最高限量，这对于既保障养殖效果，又保障鱼体正常生理机能，如免疫、造血、抗病、肝功能等具有十分重要的意义。

2. 鱼粉

鱼粉是目前最好的动物蛋白质原料，淡水鱼饲料中关于鱼粉的使用注意以下问题。

（1）最大限度地使用鱼粉：目前鱼粉的养殖效果是最好的，还没有可以完全替代鱼粉的原料。因此，如果希望养殖鱼类有较快的生长速度，鱼粉的使用基本原则是"在配方成本可以接受的范围内最大限度地提高鱼粉的使用量"。在饲料配方编制时，在允许的成本范围内，优先考虑鱼粉的使用量，最大限度地使用鱼粉，在此基础上，选择较小量的豆粕，其余蛋白质以选用菜籽粕、棉籽粕来达到需要量。

例如，配方成本在 1 400 元/吨以下时，基本无法使用进口鱼粉（价格 7 800 元/吨），此时动物蛋白可以考虑 1%~3% 的国产鱼粉，或肉粉，或血粉；配方成本在 1 500~1 600 元/吨时，可以使用 1%~2% 的国产鱼粉；配方成本在 1 700~1 800 元/吨时，可以使用 2%~4% 的进口鱼粉；配方成本在 1 900~2 000 元/吨时，可以使用 3%~6% 的进口鱼粉；配方成本在 2 100~2 300 元/吨时，可以使用 8%~13% 的进口鱼粉；配方成本在 2 400~2 500 元/吨时，可以使用 12%~16% 的进口鱼粉；配方成本在 2 600~2 800 元/吨时，可以使用 15%~20% 的进口鱼粉；配方成本在 2 900~3 000 元/吨时，可以使用 18%~25% 的进口鱼粉；配方成本在 3 100~3 200 元/吨时，可以使用 22%~28% 的进口鱼粉。

（2）主要不利因素：鱼粉除了掺假带来严重不利影响外，还要考虑的因素是新鲜度和含盐量的问题。鱼粉新鲜度对使用效果影响很大，在质检时要注意。其次是盐分，淡水鱼类在配合饲料中一般不再补充食盐，主要原因一方面是淡水鱼类可以直接从水域环境中直接吸收和利用钠和铝离子，不会出现缺乏症；另一方面是淡水鱼类体内的渗透压高于淡水环境，生理上就必须不断排除水分。因此，如果配合饲料中盐分过高会进一步增加鱼体的渗透压，可能造成应激反应。对于有鳞鱼类影响可能不大，但是对于无鳞鱼类如鮰鱼、黄颡鱼、黄鳝等就可能导致表皮颜色的变化，出现颜色变浅、发白的现象。对于这些无鳞、体色容易变化的鱼类，在饲料中不能再补充食盐，在鱼粉的选择方面也要注意鱼粉的含盐量，蒸汽鱼粉的含盐量一般只有

2%以下，而直火干燥鱼粉含盐量为5%，所以在鲫鱼等容易发生体色变化的鱼类饲料中最好选择蒸汽鱼粉。

表10-1中显示了主要的动物蛋白质原料中矿物质元素和胆碱的含量。从表中可以知道，①鱼粉中涉及作为电解质维持鱼体渗透压、调节酸碱平衡的钠（0.78%~1.15%）、钾（0.83%~1.10%）、氯（0.60%~0.61%）的含量均较高，而在鲫鱼类淡水饲料中鱼粉的用量一般达到12%~20%，这三种维持渗透压的离子已经可以满足鱼体需要，如果再添加食盐可能会导致应激反应。因此，在淡水鱼类饲料中一般不宜添加食盐。②关于微量元素补充的问题在鱼粉、酵母、血粉等原料使用量较高的饲料中也应该引起注意，在表中的原料里铁、铜、锰、锌、硒的含量均较高，而其中铜更值得关注。铜是重金属，过量的铜会有毒性，过量的铜还会导致鲫鱼、鲇鱼等体色发红、发黄的现象。因此，在鱼粉、血粉等动物蛋白原料用量较高的饲料中，微量元素的补充量应该作适当的调整，适宜的微量元素补充量应该与饲料大料配方相协调，这是一个必须引起重视的问题。③关于胆碱在淡水鱼类饲料中使用也应该引起注意，从表中可以发现，在鱼粉中胆碱的量很高，同时在菜籽粕、棉籽粕中的含量更高，在鱼粉用量达到10%以上，菜籽粕20%以上时，胆碱的量达到1 600克/吨的量，足以满足营养需要，可以不再添加胆碱了。

表 10-1　主要动物蛋白原料矿物质和胆碱含量

饲料名称	钠（%）	铝（%）	镁（%）	钾（%）	铁（毫克/千克）	铜（毫克/千克）	锰（毫克/千克）	锌（毫克/千克）	硒（毫克/千克）	胆碱（毫克/千克）
鱼粉 CP64.5%	0.88	0.60	0.24	0.90	226	9.1	9.2	98.9	2.70	4 408
鱼粉 CP62.5%	0.78	0.61	0.16	0.83	181	6.0	12.0	90.0	1.62	3 099
鱼粉 CP60.2%	0.97	0.61	0.16	1.10	80	8.0	10.0	80.0	1.50	3 056
鱼粉 CP53.5%	1.15	0.61	0.16	0.94	292	8.0	9.7	88.0	1.94	3 000
血粉	0.31	0.27	0.16	0.90	2100	8.0	2.3	14.0	0.70	800
肉骨粉	0.73	0.75	1.13	1.40	500	1.5	12.3	90.0	0.25	2 000
肉粉	0.80	0.97	0.35	0.57	440	10.0	10.0	94.0	0.37	2 077
啤酒酵母	0.10	0.12	0.23	1.70	248	61.0	22.3	86.7	1.00	3 984

（资料来源：2003 年第 15 版《中国饲料数据库饲料成分及营养价值表》）

　　鱼粉掺假较为严重，目前的掺假物主要有蛋白精、水解毛发粉、水解羽毛粉等。蛋白精掺入鱼粉可能导致鱼体氨氮中毒，出现鱼体鳃、表皮出血的情况；而掺入水解毛发粉、水解羽毛粉等使鱼粉的可消化利用率显著下降，并可能导致鱼体的体色发生变化。鱼粉质检程序应该是感官鉴定、显微镜检验、化学检验、氨基酸分析。感官鉴定主要是新鲜度、是否变质、是否有掺假；显微镜鉴定可以在40 倍、100 倍放大倍数下进行观察，对于掺入水解毛发粉、水解羽毛粉的可以很直观地检验出来；化学检验主要测定水分、水溶总氮和离体消化率；氨基酸分析是最后手段，对氨基酸结果主要看 10 种必需氨基酸的平衡模式，目前有将赖氨酸加入鱼粉中以提高赖氨酸含量的，不能单看赖氨酸、蛋氨酸的含量。

3. 肉粉和肉骨粉

肉粉和肉骨粉随着加工原料的不同，质量变化较大，蛋白质含量一般在 50% 左右；同时，含盐量也是较高的。对于肉类加工厂新生产的肉粉，新鲜度较好，可以使用一定量进入配方，使用量一般可控制在 5% 以下。

肉粉和肉骨粉使用主要的不利因素：一是含盐量较高，在容易发生体色变化的鱼类饲料中一般不容；二是油脂的氧化和气味，如果配合饲料中肉粉和肉骨粉使用量过大，鱼肉中可能含有异味，要限量使用，在出口、加工的水产品种饲料中一般不使用；三是卫生指标问题。

4. 蚕蛹

蚕蛹的油脂含量、蛋白质含量高，可以作为蛋白质、油脂原料进入饲料配方。但是，要注意的是蚕蛹含有不容易消化的几丁质成分，油脂容易氧化等不利因素，所以蚕蛹的使用要限量，可以控制在 3% 以下。过高的蚕蛹，尤其是氧化的蚕蛹可能产生对生产不利的影响，如出现肌肉萎缩、鱼肉产生异味等情况。

5. 豆粕

目前，豆粕有去皮和未去皮豆粕两种。有资料分析表明，如果两种豆粕的价格差异在 9% 以内，则以选择高蛋白的去皮豆粕较为适宜，否则以选用带皮豆粕较为合算。

豆粕是优质的植物蛋白质原料，也是价格最高的植物蛋白质原料。在配方编制时，由于鱼粉要最大限度地使用，而菜籽粕、棉籽粕在淡水鱼饲料中可以较大量地使用，因此，豆粕在淡水鱼饲料中使用主要受配方成本的限制，处于控制使用的地位。

表 10 - 2　植物蛋白原料中几种营养素的含量

饲料名称	粗蛋白 (%)	粗脂肪 (%)	铜 (毫克/千克)	胡萝卜素 (毫克/千克)	胆碱 (毫克/千克)	亚油酸 (%)
大豆	35.5	17.3	18.1	—	3 200	8.00
全脂大豆	35.5	18.7	18.1	—	3 200	8.00
大豆	41.8	5.8	19.8	—	2 673	—
大豆粕	47.9	1.5	24.0	0.2	2 858	0.51
大豆粕	44.2	1.9	24.0	0.2	2 858	0.51
棉籽饼	36.3	7.4	11.6	0.2	2 753	2.47
棉籽粕	47.0	0.5	14.0	0.2	2 933	1.51
棉籽粕	43.5	0.5	14.0	0.2	2 933	1.51
菜籽饼	35.7	7.4	7.2	—	—	—
菜籽粕	38.6	1.4	7.1	—	6 700	0.42
花生仁饼	44.7	7.2	23.7	—	1 655	1.43
花生仁粕	47.8	1.4	25.1	—	1 854	0.24
向日葵仁饼	29.0	2.9	45.6	—	800	—
向日葵仁	36.5	1.0	32.8	—	3 260	—
向日葵仁粕	33.6	1.0	35.0	—	3 100	0.98
亚麻仁饼	32.2	7.8	27.0	—	1 672	—
亚麻仁粕	34.8	1.8	25.5	0.2	1 512	0.36
芝麻饼	39.2	10.3	50.4	0.2	1 536	1.90
玉米蛋白粉	63.5	5.4	1.9	44.0	330	1.17
玉米蛋白粉	44.3	6.0	28.0	16.0	330	—
玉米蛋白饲料	19.3	7.5	10.7	8.0	1 700	1.43
玉米胚芽饼	16.7	9.6	12.8	2.0	1 936	1.47
玉米胚芽粕	20.8	2.0	7.7	2.0	2 000	1.47
玉米 DDGS	28.3	13.7	43.9	3.5	2 637	2.15

（资料来源：2003 年第 15 版《中国饲料数据库饲料成分及营养价值表》）

对于蛋白质在40%～46%范围内的蛋白质原料，主要有豆粕、花生粕和棉籽粕，而价位是豆粕2300～2400元/吨、花生粕2100～2200元/吨、棉籽粕1400～1500元/吨，养殖效果以豆粕最好，但差异不大。如果在配方中使用鱼粉的比例较高的情况下，就可以将豆粕的使用量控制在10%～15%，其余的蛋白质就主要依靠菜籽粕、棉籽粕来实现。这样，饲料配方成本可以得到有限控制，且经过不同地区和一些企业的实际应用情况，养殖效果也很好。如果使用高蛋白棉籽粕、脱绒脱酚棉籽粕替代豆粕使用效果更明显。值得注意的是，并不是完全不使用豆粕，从氨基酸平衡角度考虑，还是要保持一定量的豆粕进入饲料配方，只是使用量较以前大幅度地下降。

相反，如果使用低鱼粉、高豆粕的方案，配方成本也可以得到控制，但是，在已经执行的地区和企业的实际效果看，并没有达到理想的效果。

表10－2中显示了植物蛋白原料中几种营养素的含量，有以下几点值得注意：①关于饼和粕的使用问题，从表10－2中可以知道饼的粗脂肪、亚油酸的含量较粕高，其脂肪能量值也应高于对应的粕类饲料，这是有利的一面；但是要注意的是，饼类蛋白原料一般是采用机器压榨的方式生产、而粕类蛋白饲料一般是有机溶剂浸提生产，在浸提过程中也将一些脂溶性的有毒物质带走了，所以粕类的残留毒素要低于饼类蛋白饲料，饼类饲料蛋白的使用要限制用量。②关于铜的量在植物蛋白饲料中很高，而淡水鱼类饲料中植物蛋白饲料的使用量一般很大，在淡水鱼类饲料中铜的补充量应该考虑到大配方中铜的量，生产中由于铜过

量引起的问题很多，必须重视。③关于胆碱的含量在植物蛋白饲料，尤其是菜籽粕中很高，大配方原料中胆碱的量足以满足营养需要，可以不再补充胆碱。④在玉米蛋白粉中胡萝卜素的含量较高，在体色鲜艳或带黄色皮肤的鱼类饲料中可以适当使用玉米蛋白粉以补充色素的需要。

6. 花生粕

花生粕含有 45% 左右的粗蛋白质，是一种好的植物蛋白质，不足之处是氨基酸的平衡性较差、容易被黄曲霉素污染。在淡水鱼饲料配方中，可以使用 5% ~ 20% 的花生粕，主要视花生粕质量、新鲜度和价格而确定其用量。为了尽量避免黄曲霉素的影响，可以使用 1% ~ 2% 的沸石粉或麦饭石进入配方，吸附部分黄曲霉素排出体外。

花生粕与豆粕比较具有一定的价格优势，但是与棉籽粕比较则优势不显著，花生粕与棉籽粕的养殖效果差异也不显著。

7. 棉籽粕

棉籽粕在淡水鱼类饲料中的使用量在加大，最高用量可以控制在 35% 以下没有发现有副作用。在性价比方面较豆粕、花生粕有明显的优势。

棉籽粕的蛋白质含量在不同产地、加工条件下差异较大，蛋白质含量从 35% 到 46% 的棉籽粕都有。在产地上以新疆棉籽粕质量最好，蛋白含量高，棉绒少。对棉籽粕进行脱绒、脱酚后如紫光棉蛋白其质量得到显著改善，蛋白质含量可以达到 50% 左右。用这种棉籽粕在淡水鱼类、虾类中替代部分豆粕使用效果较好，饲料配方成本也有下降。

棉籽粕除了蛋白质差异很大外，就是棉绒的含量问题。

棉绒不易粉碎，在小颗粒饲料如 1 毫米以下饲料制粒时容易堵塞模孔，所以在虾料、小颗粒饲料中要选择脱绒棉籽粕。

对于棉籽粕在淡水鱼类饲料中的使用原则是，尽可能选择优质棉籽粕进入配方，对质量不好的棉籽粕要限量使用。

8. 菜籽粕

菜籽粕是淡水饲料常用的植物蛋白质原料，在水产饲料中的使用量最高可以达到 50% 左右。

菜籽粕的使用最好与棉籽粕按照 1∶1 的比例进入配方，主要是氨基酸平衡性好一些，同时也避免一种原料的使用量过大。在低档混养鱼料中，配合饲料的蛋白质主要依赖棉籽粕、菜籽粕，二者的总量可以达到 60% ~ 65%。

9. 玉米蛋白粉

玉米蛋白粉蛋白质含量高，但是氨基酸平衡性差，养殖效果不理想。一般是在受到配方成本限制、又需要高蛋白的饲料中使用，以实现配合饲料的蛋白质浓度，但养殖效果并不同步提高，所以用量不能太大。例如，要配制蛋白 38% 左右的鱼饲料、配方成本在 2 800~ 2 900 元/吨时，鱼粉的用量可以达到 20%，豆粕或花生粕 10%，棉籽粕和菜籽粕 25% 左右，此时蛋白质含量达不到 36% 而配方成本又不允许增加鱼粉、豆粕的量，就只能使用玉米蛋白粉或血粉来提高蛋白质量了。

所以，对于一般淡水鱼类配合饲料中蛋白质不要设计得过高，超过 36% 以上时就必须使用高蛋白、低消化率、养殖效果又不好的原料，实际上效果并不好。

玉米蛋白粉中含有较高的玉米黄素，是鱼体色素的重要组成成分。所以，在一些体色鲜艳，尤其是带黄色体色的鱼类如黄颡鱼、塘鲺、黄鳝饲料中，可以使用3%~5%的玉米蛋白粉，以提供部分鱼体需要的叶黄素。

10. 血粉

血粉根据血源的不同、加工方式的不同，其营养价值、消化利用率有较大的差异。蒸煮血粉是消化率最低的，喷雾干燥血粉的消化率较好。发酵血粉虽然消化率较高，但蛋白质含量较低。

血粉在水产饲料中使用除了消化利用率外，还要考虑饲料的颜色问题、氨基酸平衡问题。血粉的异亮氨酸含量低，可以配合一定量的玉米蛋白粉使用，因为玉米蛋白粉的异亮氨酸含量是植物蛋白中最高的。

血粉在淡水鱼类饲料中的使用量最好控制在3%以下。

（二）淀粉类饲料

鱼类利用淀粉作为能量来源的能力远不如陆生动物，但是淀粉类饲料又是最廉价的饲料原料，所以在淡水鱼饲料中依然占有很大的比例。

1. 玉米和小麦

玉米和小麦在淡水鱼类饲料中的使用已经取得很好的效果，其主要原因是玉米和小麦是活的植物种子，新加工的玉米或小麦进入饲料配方具有很好的新鲜度。目前，在草食性鱼类如草鱼、武昌鱼，杂食性鱼类如罗非鱼、鲤鱼饲料中，使用10%左右的小麦或玉米可以取得较好的养殖效果，而饲料成本也得到较好的控制。

玉米和小麦在淡水鱼饲料中的使用除了新鲜度方面的因素外，还有与次粉、麦麸的价格比较优势和原料不掺假的优势。次粉掺假的情况较多，给质量检验带来许多困难；同时，价格也高于玉米或小麦的价格；玉米或小麦加工出来后的价格也不高于次粉，而新鲜度要好得多，具有很好的性价比优势。

玉米与小麦比较，小麦对淡水鱼的养殖效果要好一些，但差异不显著；玉米使用后鱼体的脂肪含量要高于小麦。因此，对于玉米和小麦的使用原则时，哪种价格低选用哪种。在粉碎细度达不到要求（0.8～1.0毫米筛片）时尽量选择小麦，如果鱼体肥度不够时尽量选择玉米。将玉米和小麦混合使用也可以，但是在加工和配料方面较为麻烦一些。

玉米或小麦的使用量对于鲫鱼、鲤鱼等杂食性鱼类饲料中可以控制在8%以下，草食性鱼类可以控制在15%以下。

玉米或小麦使用过高时，可能导致鱼体积累的脂肪过多，如果饲料中有鱼虾4号或肉碱则可以避免这种情况。

2. 次粉和小麦麸

次粉主要用于作为淀粉能量饲料和颗粒粘接剂在使用，一般硬颗粒饲料需要有6%～8%的次粉作为粘接剂，如果使用了玉米或小麦时可以适当降低次粉的用量，或不用次粉。对于膨化饲料需要有15%左右的面粉或优质次粉才能保证饲料的膨化效果。小麦麸作为淀粉质原料和优质的填充料在配方中使用，蛋白质含量达到13%以上，作为配方中的填充料使用可以控制在30%以下。

关于次粉在淡水鱼饲料中应用，目前的主要不利因素有以下几点：一是价格，在多数地区次粉的价格在1 400～

1 450元/吨，部分地区高达1 500~1 650元/吨，高过了玉米或小麦的价格，但其淀粉含量、新鲜度远不如玉米或小麦，其养殖效果也差得多；二是个别商贩存在掺假问题，多数情况下掺入石粉、滑石粉、细麦麸，使次粉质量达不到要求；三是新鲜度，次粉的新鲜度远不如玉米或小麦。

（三）填充饲料原料

在配方编制时需要一些价格较低、无毒副作用、有一定营养价值或能够满足配合饲料某方面的需要的一些原料，一般是作为配方空间的填充原料使用。

1. 玉米加工副产物

玉米加工副产物包括玉米 DDGS、玉米皮、玉米胚芽渣等。玉米 DDGS 含油10%左右、含蛋白20%，是一种含油的蛋白质原料，但是玉米油不饱和脂肪酸含量高，容易氧化、酸败，可以在一些低档的混养料中使用10%以下的量，不宜过高比例地使用。玉米皮、玉米胚芽渣等含有一定的粗纤维，价格也较低，可以在草食性鱼类配合饲料中作为粗纤维的提供进行使用，根据配方的需要可以在20%以下的范围内进行使用。

2. 小麦加工副产物

除了次粉和麦麸外，小麦加工的副产物还有小麦胚芽渣，也可以作为填充料使用。

3. 酒渣

酒渣主要有白酒渣、黄酒渣，价格较低，含有一定的蛋白质和粗纤维，可以作为填充物在10%以下的比例使用。

（四）油脂原料

在淡水鱼配合饲料中要保证4%的粗脂肪，在我国北方地区要保证5%以上的粗脂肪，这是淡水鱼类配合饲料油脂的最低保证值。水温越低的地区和水温低的季节，配合饲料中油脂的量更应该得到保证，增加油脂的用量养殖效果越显著。但是油脂的副作用也非常明显，在淡水鱼类将油脂使用得好可以取得很好的生长效果，否则会出现不良影响。

1. 油脂

在水产配合饲料中使用的油脂原料主要有鱼油、鱼肝油、猪油、菜籽油、棉籽油、豆油、磷脂等。油脂的质量决定于其脂肪酸组成和含量。本来鱼油、豆油以及玉米油的不饱和脂肪酸含量是非常高的，应该是鱼类优质的油脂原料。但是，最近的许多试验结果表明，鱼油的养殖效果很不理想，有时还会出现氧化酸败油脂产生的毒副作用，玉米油基本不能作为饲料油脂进行添加使用，其主要原因是其中不饱和脂肪酸氧化酸败产生的毒副作用可能大于其中不饱和脂肪酸的营养作用。

就养殖效果而言，纯猪油的养殖效果为好，其次为动植物混合油脂、豆油和菜籽油。但是，要特别注意的是，在我国北方地区有很长的越冬期，在8月中旬以后不能再使用动物油，包括低熔点的植物油，否则会出现养殖鱼类体内油脂硬化的情况，当肝胰脏、肠系膜等处油脂硬化后会严重影响鱼体正常生理机能的发挥，出现疾病增多、生长不良等反应。

在淡水鱼饲料中不要使用已经氧化的鱼油、米糠油、玉米油，以及廉价的磷脂油。目前，市场上的廉价磷脂油多为豆油、菜油、棉籽油的下脚料加上麦麸、米糠、玉米芯等载体后的产物，含有大量油脂氧化后的有毒成分，对这类油脂不加的效果可能比加了的效果还好，加了只会有副作用。

2. 大豆和菜籽

前面已经讲过，种子中油脂的新鲜度、稳定性好于已经加工好的油脂，其养殖效果也是如此。因此，在配合饲料中建议尽量使用原料油脂来保证配合饲料中油脂、磷脂的供给。

研究结果表明：在饲料中使用膨化大豆、膨化或直接使用油菜籽应该是一个重要的发展方向。大豆含有抗营养因子等物资，但膨化大豆则是一个非常好的油脂、磷脂原料和蛋白质原料。膨化大豆含油 16% ~ 18% 的油脂、34% 左右的粗蛋白质，更重要的是膨化大豆中的油脂较大豆油更为稳定，使用效果更好。

对于油菜籽，在饲料中直接添加菜籽后使草鱼体重/体长比、肥满度降低，使内脏比增加，草鱼全鱼蛋白质、脂肪含量增加，使肝胰脏蛋白质含量下降、脂肪含量增加。试验结果表明，在鱼饲料中直接添加菜籽有一定的可行性，在限制菜籽用量、并使用相应添加剂的情况下，能够取得较添加菜籽油更好的养殖效果和饲料利用效果。

对比油菜籽、猪油与豆油等量混合、豆油与菜籽油等量混合的养殖效果，结果仍然是以油菜籽的生长速度最快、饲料系数最低，其次是猪油与豆油混合油，最后为豆油与菜籽油的混合油。

大豆、菜籽可以膨化后使用，最好是新鲜加工后及时使用效果会更好。原料的膨化较配合饲料的膨化应该更适

合于我国的国情，在成本控制、养殖效果等方面会更有
优势。

膨化大豆由于价格相对较高，在配方中可以控制在5%
左右使用。生菜籽的使用量不要超过3%，膨化菜籽可以控
制在5%左右的使用量。

3. 原料膨化

在水产饲料中使用膨化大豆、菜籽作为新的油脂原料
比使用豆油、鱼油、菜籽油具有更好的养殖效果，且可以
使配合饲料成本显著下降，一般情况下可以使饲料成本下
降25～40元/吨。当然，也还有一系列的问题需要研究。油
菜籽经过膨化处理的养殖效果和安全性优于生菜籽直接使
用的效果，使用膨化菜籽更好。

再结合膨化玉米和膨化小麦的使用情况，在水产饲料
企业建议增加原料膨化设备，直接膨化玉米、小麦、大豆、
油菜籽等原料，可以取得更好的养殖效果和显著降低配合
饲料的配方成本。

在已经完成的试验中发现，经过挤压膨化后，除鱼粉
外，饲料蛋白质的溶解度都明显下降，尤其是膨化豆粕下
降得最多，下降了45%。

通过对膨化与未膨化的饲料单一原料的离体消化率和
氨基酸生成率的测定，异育银鲫肠道酶解膨化和非膨化饲
料蛋白质生成氨基酸的速度为豆粕（30.077毫克/小时）＞
膨化豆粕（21.264毫克/小时）；棉籽粕（28.899毫克/小
时）＜膨化棉籽粕（29.461毫克/小时）；菜籽粕（26.917
毫克/小时）＜膨化菜籽粕（30.752毫克/小时）；玉米
（15.976毫克/小时）＜膨化玉米（31.627毫克/小时）；次

粉（22.333 毫克/小时）<膨化次粉（24.890 毫克/小时）；
鱼粉（35.566 毫克/小时）>膨化鱼粉（32.914 毫克/小
时）；肉骨粉（31.168 毫克/小时）>膨化肉骨粉（27.564
毫克/小时）。由该结果可看出，豆粕、鱼粉和肉骨粉膨化
后氨基酸生成速度均下降（豆粕下降 29.30%、鱼粉下降
7.46%、肉骨粉下降 11.56%）；菜籽粕、玉米和次粉膨化
后氨基酸生成速度均上升（菜籽粕上升 14.25%、玉米上升
97.97%、次粉上升 11.45%），特别是玉米膨化后效果尤为
明显；棉籽粕膨化后氨基酸生成量差异不显著。将经过膨
化处理的饲料原料如鱼粉、豆粕、菜籽粕、棉籽粕、次粉
等组成配合饲料进行养殖试验，以未膨化原料组成的相同
配方作为对照。在研究中发现，饲料膨化后各试验组湘云
鲫的摄食率提高了 0.72%~2.97%。从生长结果来看，饲料
膨化后湘云鲫的生长率和饲料系数并未体现出优越性，相
反，饲料膨化后各试验组湘云鲫的瞬时生长率下降了
10.3%~14.34%，饲料系数增加了 10.78%~25.41%。这
说明，饲料膨化后并未提高鱼的消化利用率，鱼体为满足
其生长的需要还必须摄食更多的饲料，因而饲料系数较高。
而饲料中膨化豆粕比例从 35.7% 降到 25% 时，湘云鲫的瞬
时生长率呈现上升趋势，饲料系数呈现下降趋势。湘云鲫
肠道对非膨化豆粕蛋白质的酶解速度为 30.077 毫克/小时，
而膨化后为 21.264 毫克/小时，下降了 29.30%。这说明，
豆粕膨化后其可消化性和饲用价值显著下降。膨化棉籽粕
由 25.5% 增加到 36.76% 时，同棉籽粕未膨化组相比，湘云
鲫的瞬时生长率却增加了 1.46%~3.67%，饲料系数下降了
3.32%~5.45%。这说明，膨化加工能一定程度降低棉籽粕

中棉酚等抗营养因子的含量，使棉籽粕的饲用价值提高。

膨化原料与膨化饲料相比较有其重要的优越性。一是
设备投入大大减少，一台原料膨化机的投入和使用成本显
著低于一台膨化饲料机投入和使用成本；而是原料膨化机
可以有选择性地对原料进行膨化处理，有目的地规避膨化
处理对原料的不利影响。例如，根据前面的试验结果看，
鱼粉、肉粉、豆粕等蛋白质含量高、赖氨酸含量高的饲料
原料经过膨化处理后消化率和养殖效果均下降了，而菜籽
粕、棉籽粕、次粉、玉米等经过膨化处理后消化率显著提
高，养殖效果也提高。因此，在以后的饲料工业发展中，
在最近一定时期发展原料膨化可能较饲料整体膨化更具有
优势，更适合于中国实际情况。

4. 米糠

米糠是一种高能量、高维生素和肌醇的优质原料。但
是，米糠油极容易氧化、酸败，所以米糠的使用一要保证
新鲜度、二要限量使用。米糠在淡水饲料中的用量要控制
在7%以下，对于低档混养料也要控制在10%以下使用。

（五）矿物质原料

1. 磷酸二氢钙

水产配合饲料关于磷的问题出现两个极端：一是饲料
中有效磷供应不足，严重影响配合饲料的养殖效果；另一
方面，饲料输入水体中的磷较多，对水域环境造成污染。
其原因是水产饲料中鱼粉使用比例相对较大、总磷浓度相
对较高，而淡水鱼类对鱼粉及其他原料中的磷如植酸磷利
用率不到30%。因此，如果仅仅总磷满足了需要，而依然
出现有效磷不够的情况，在配合饲料中还必须添加无机磷。

在配合饲料中以磷酸二氢钙提供无机磷是主要的也是非常有效的方式。建议在配合饲料中，对于鱼种饲料，可以使用2.2%左右的磷酸二氢钙；对于成鱼饲料，可以使用2.0%左右的磷酸二氢钙，这样的使用方案可以保证很好的养殖效果。

2. 沸石粉、麦饭石

沸石粉、麦饭石是一类多孔性的饲料原料，含有多种微量元素、比重小，具有很好的吸附作用。在配合饲料蛋白质超过34%、配合饲料中使用了花生粕等原料时，应该使用1%~2%的沸石粉或麦饭石粉，可以起到一定的吸附氨氮、有毒物质的作用，也可以起到调节颗粒饲料比重的作用。

3. 膨润土

膨润土作为一种颗粒粘接剂在配合饲料中发挥作用，但是，比重较大，用量不宜过高。在一般淡水鱼类饲料中可以使用1%~3%的膨润土作为粘接剂和饲料的填充料。

三、原料选择应该考虑的基本因素

1. 营养价值

（1）蛋白质含量和蛋白质的可消化利用率，单位可消化利用蛋白质的价格，可消化利用蛋白性价比，单位重量可消化利用蛋白价格愈低愈合算；其次是看蛋白质中氨基酸的平衡效果，如玉米蛋白粉、大米蛋白粉等蛋白含量高但氨基酸平衡性差，氨基酸的平衡效果针对不同的养殖对象具有相对性，所以最好的方法是计算养殖对象肌肉必需氨基酸与备选择蛋白质原料中必需氨基酸的相关性，即饲料原料蛋白质中10种必需氨基酸与养殖对象肌肉中10种必需氨基酸之间的关联度，条件具备的企业可以研究相关的软件并建立适宜的数据库。

（2）能量值的大小，鱼类优先利用氨基酸作为能量来源，但氨基酸价格高；其次是利用脂肪作为能量来源，最后才是碳水化合物，因此，脂肪含量高的原料能量值高优先选择，但要考虑脂肪的氧化酸败问题。

（3）原料的特殊营养作用如维生素、活菌体、粗纤维等，新鲜的细米糠出了脂肪能量值高外还含有丰富的 B 族维生素、肌醇等，是质优价廉的原料，一些菌体蛋白如酵母蛋白含有一些活的菌体可以被利用，菜籽粕、棉籽粕含有胆碱可以被鱼类利用，膨化大豆、菜籽等含有丰富的磷脂可以被鱼类利用。

2. 新鲜度

原料的新鲜度是影响原料养殖效果的主要因素之一。如玉米小麦等作为活的植物种子，具有很好的新鲜度，可以贮存，而玉米粉、小麦粉保存一段时间后其新鲜度会显著下降，养殖效果会降低。大豆、菜籽也是活的植物种子，其蛋白质、油脂具有很好的新鲜度，可以达到很好的养殖效果；而一旦粉碎后并存放一定时期后新鲜度显著下降，油脂也容易氧化，其养殖效果也会显著下降。就油脂而言，大豆、菜籽、米糠等油脂原料中油脂的稳定性要显著高于豆油、菜籽油、米糠油，其养殖效果也要好得多。新鲜鱼粉与存放一定时期的鱼粉比较，虽然从一些营养指标看没有什么变化，但养殖效果会有显著的差异。

3. 原料掺假因素

饲料原料掺假的情况时有存在，尤其蛋白质原料掺假的技术水平也在不断提高，同时，涉及掺假的原料种类也较为普遍。以前主要是蛋白质原料，如今包括次粉、细米糠、面粉、菜籽粕、棉籽粕等都有掺假的情况。更为可怕的是，在饲料原料中掺入一些有毒、有害物质，如在菜籽粕、棉籽粕中掺入乌桕籽、茶籽、桐油籽等，这些物质对养殖鱼类有明显的毒性和副作用。对原料应先采用感官和显微镜鉴定，再进行理化鉴定，最后进行综合鉴定。油脂原料可以选择的鉴定指标是酸价、水分和碘值。酸价可以使用碱进行中和，所以不能完全判定是否氧化酸败，但碘值是反映脂肪酸不饱和程度的指标，一般难以掩盖，对照鉴定对象的标准值可以较为准确地判定油脂是否氧化及氧化的程度。对于蛋白质原料的鉴定，在显微分析的基础上建议选用水分、粗蛋白、水溶总氮和蛋白质离体消化率，水溶总氮可以鉴定原料变质程度和原料中是否掺假有化学含氮物质如尿素、氯化铵等，而离体消化率则可以判定是否掺假了高蛋白、低消化率的原料如血粉、水解羽毛粉、水解皮革粉、踢角粉等。

4. 原料的养殖效果

不同原料的实际养殖效果、使用限量等是最终决定该原料在配方中使用量的关键性、综合性因素，用高蛋白、脱绒的棉籽粕等量替代豆粕可以取得同样的养殖效果，对部分鱼类其养殖效果还以棉籽粕好于豆粕，而豆粕的价格要比棉籽粕高 700~800 元/吨，这样棉籽粕与豆粕比较就具有明显的比较优势。再如玉米或小麦与次粉的比较，也具有明显的养殖效果、性价比优势。

5. 原料的安全性

水产饲料原料不安全因素包括原料污染、原料残留的毒素、原料掺假带来有毒物质等。常规饲料如菜籽粕、棉籽粕、豆粕等一般是较为安全的，但受到污染包括生物污染等可能发生质量变化，产生有毒物质。再就是可能的掺假物质带来毒性。对于非常规饲料原料如食品加工副产物、加工残渣等在选择使用一定要注意。

四、配合饲料的种类

依照饲料的形态可分为粉状饲料、面团状饲料、碎粒状饲料、饼干状饲料、颗粒状饲料和微型饲料等六种。颗粒饲料中按照含水量与密度可分为硬颗粒饲料、软颗粒饲料、膨化颗粒料和微型颗粒料等四种。

依照饲料在水中的沉浮分为浮饲料、半浮性饲料和沉性饲料三种。

依照饲料的营养成分可分为全价饲料、浓缩饲料、预混合加剂饲料和添加剂四种。

依照养殖对象可分为鱼苗开口料、鱼种饲料、成鱼饲料和鱼饲料等四种。

现按形态分类对主要种类分述如下：

（一）粉状饲料

粉状饲料就是将原料粉碎，并达到一定程度，混合均匀后而成。因饲料中含水量不同而有粉末状、浆状、糜状、面团状等区别。粉状饲料适用于饲养鱼苗、小鱼种以及摄食浮游生物的鱼类。粉状饲料经过加工，加黏合剂、淀粉和油脂喷雾等加工工艺，揉压而成面团状或糜状，适用于鳗鱼、虾、蟹、鳖及其他名贵肉食性鱼类食用。

（二）颗粒饲料

饲料原料先经粉碎（或先混匀），再充分搅拌混合，加水和添加剂，在颗粒机中加工成型的颗粒状饲料总称为颗粒饲料，可以分以下四种：

1. 硬颗粒饲料

成形饲料含水量低于13%，颗粒密度大于1.3克/米^3，沉性。蒸气调质80℃以上，硬性，直径1~8毫米，长度为直径的1~2倍。适合于养殖鲑鱼、鳟鱼、鲤鱼、鲫鱼、草鱼、青鱼、团头鲂、罗非鱼等品种。

2. 软颗粒饲料

成形饲料含水量20%~30%，颗粒密度1~1.3克/厘米^3，软性，直径1~8毫米，面条状或颗粒状饲料。在成形过程中不加蒸气，但需加水40%~50%，成形后干燥脱水。我国养殖的现有品种，尤其是草食性、肉食性或偏肉食的杂食性鱼都喜食这种饲料，如草鱼、鳗鱼、鲤鱼和鲈鱼等。软颗粒饲料的缺点是含水量大，易生霉变质，不易贮藏及运输。

3. 膨化颗粒饲料

成形后含水量小于硬颗粒饲料，颗粒密度约0.6克/厘米^3，为浮性泡沫状颗粒。可在水面上漂浮12~24小时不溶散，营养成分溶失小，又能直接观察鱼吃食情况，便于精确掌握投饲量，所以饲料利用率较高。日本主要用于养锦鱼、狮鱼和真鲷。

4. 微型颗粒饲料

微型颗粒饲料直径在500微米以下，小至8微米的新型饲料的总称。它们常作为浮游生物的替代物，称为人工浮游生物。饲养刚孵化的鱼苗、虾蟹类和贝类，也称为开口饲料。

五、鱼用配合饲料的选择

鱼类的食物来源有天然饵料和人工按鱼类营养需要生产的配合饲料。水产养殖要取得好的经济效益，在饲料使用方面主要取决于质量而不是价格，饲料的选用要根据实际情况和养殖经验为主。

随着水产养殖业向规模化、集约化、专业化、差异化的方向发展，对水产饲料的要求也越来越高，传统的粉末状配合饲料和颗粒配合饲料存在着水中稳定性差，沉降速度快，易造成饲料的浪费和水质污染，已经越来越不适应现代水产养殖的需要，而浮性饲料能较好地克服上述两种饲料的弊端，浮性饲料更有利于养殖经验不丰富的用户更好的控制投饲率，有着较好的市场潜力和市场前景。

养殖品种及规格不同品种的全价配合饲料，其成分含量和营养价值是不相同的，所适用的养殖鱼类就不一样。比如，肉食性鱼类对蛋白质的需要量要比杂食性鱼类高，杂食性的又要比草食性的高，养殖鳗鱼、罗非鱼和草鱼时，不应使用同样的饲料；同一种鱼，不同养殖阶段也应使用不同的饲料。为了提高养殖的保险系数而盲目购买高档饲料，既增加了养殖场成本，又不适合鱼类的营养需要。为了降低养殖成本，使用低档廉价饲料，也是不恰当的。低价格的全价配合饲料多使用品质较差、消化利用率较低的原料，可被鱼类利用的有效成分含量较低，饲料系数高，养殖鱼类所需要营养得不到满足，生长缓慢，饲料消耗量大，同样也会使养殖效益下降。避免跨种类混合使用全价配合饲料，用畜禽饲料喂鱼，不仅不能满足鱼类营养需要，还会因为畜禽饲料中所含的某些药物等添加剂而影响鱼类的正常生长。因此，选择全价配合饲料需要注意鉴别饲料的名称、使用的养殖对象以及饲料的主要营养成分含量。

鉴别全价配合饲料品质优劣应注意以下几个方面：

（1）饲料颗粒的长短和大小要适当。鱼类的摄食特点是，当它能吞食较大颗粒的饲料时，不选择小颗粒的饲料。因此，应选择粒径适合鱼口径大小的饲料。优质全价配合饲料从外观来看，颗粒粗细均匀，长短一致，颗粒长度是粒径的 1.5～2 倍，无过碎或过长的饲料。

（2）饲料的黏结要适度。饲料颗粒外表光洁致密，不粗糙松软，这样的饲料在水中稳定性好，可保持浸泡在水中 20 秒内不吸水变形，1.5 小时内不完全溃散（虾类饲料除外）。

（3）饲料含水量要适当。优质全价配合饲料手感干燥清爽不潮湿，含水率约为 12%，正常情况下可保存三个月以上而不霉坏变质。饲料含水分太少，则硬度过大，不利于鱼类消化；饲料含水量水分太多，则容易霉变，保质时间短。

（4）饲料的适口性和色泽要好。优质全价配合饲料颜色均匀自然，气味淡香，口感略咸。若饲料颜色偏重于某种原料的颜色或颜色不均匀，表明饲料原料品质较低劣或加工时混合不均匀，成品饲料的质量就没有保障。

配合饲料的保存饲料中的蛋白质会被霉菌破坏，脂肪容易被氧化，维生素在光照、高温、潮湿及有氧的情况下易失效等等，无论饲料的品质有多优良，都有存放环境与存放时间的限制。尤其是每年气温开始回升，空气的湿度相对较高，极易感染霉菌，而饲料发热霉变后，由于微生物的代谢作用，饲料水分有所增加，将会加速饲料的霉变。当饲料泛黄，泛黑，有不均匀的色块，闻起来有霉味、臭味等不良刺激性气味，口感苦涩，手感松软发黏，则表明饲料已经变质，不能再作饲料用。

职业能力测试

1. 鱼类饲料中蛋白质含量是否越多越好，为什么？
2. 蛋白质常见的原料有哪些？
3. 简述原料选择应该考虑的基本因素。
4. 如何鉴别全价配合饲料品质优劣？

第十一章　鱼类疾病防治

一、鱼类疾病机理

（一）鱼类疾病综述

鱼类的疾病一般由传染病、应激、营养不良、中毒和机械损伤等。传染病又分为病毒病、细菌病、真菌病和寄生虫病，是鱼类养殖成功与否的关键。10多年来，养殖鱼类暴发的各种疾病一直困扰着养殖业的发展，如爆发病曾多次在不同区域引起鱼类养殖毁灭性的损失。

（二）引起疾病的三个因素

鱼类发病是机体（种类、规格、发育阶段、生理状况）、环境因子（生物和非生物）和病原体三者相互作用的结果。三个因素中缺乏任何一个因子，就不会发病；任何一个因子的作用增大，发病率和发病的严重性就会增大；反之，任何一个因子的作用减小，发病率和发病的严重性就会减小。同时，三个因素不是孤立的，是相互影响相互作用的。如环境恶化，将使鱼类体质减弱，同时恶化的环境滋生病原微生物，提高发病率。因此，鱼类养殖的传染病防治就以三个因素为指导，通过消灭病原体和切断传播途径、提高鱼类体质和免疫力、改良养殖池塘的水质和底质、纠正异常环境因子和抗应激来综合防治疾病。

（三）引起生理紊乱的因素

鱼类从大自然移植到池塘中养殖，虽然经过长时间的驯化，但由于人们过分考虑鱼类的生长性能，而忽视了其他的方面。全人工配合饲料养殖的高生产性能的同时，并没有考虑鱼类的其他生理需求。在养殖实践中，由营养和环境引起的生理障碍主要表现为：肝胆综合征、营养不良、生长慢、抵抗力低下和贫血等。

（四）养殖水体中的应激因子

养殖水体中的各项理化因子超出鱼的适应范围或变化过大，都会引起鱼的应激。当应激小时，机体内有足够的生物储备来满足应激的生物学代价，此时的应激对动物构不成威胁；当应激过大时，可影响机体的新陈代谢、生长、生殖和免疫。研究表明：动物长期处在应激的刺激下，将由健康转变为亚病理状况，并最终导致病症的产生。养殖水体常见的应激缘由：重金属、农药、氨氮、硫化氢等超标、低溶解氧、水质突变和气候突变等。

二、鱼病诊断

（一）现场调查

（1）了解发病池病鱼的情况。首先了解发病池的患病个体，初步了解病鱼的大概情况。然后了解发病的时间、死鱼规格、数量变化等情况，了解鱼体的摄食、活动情况。最后作出初步判断。

（2）近期饲养管理情况。养殖鱼类发病，与养殖管理有密切的关系。因此，诊断鱼病应了解养殖的情况。如养殖种类、养殖的密度、放养规格、饲料投喂、灰肥药的投放和排换水等详细情况。

（3）周边鱼病流行情况。通过了解发病池周边的疾病流行情况，辅助确定发病的种类；通过了解周边病情的发展和治疗情况，辅助确定治疗疾病的方案。

（4）水体理化因子和水质情况。在基本了解病情的基础上，检测水体的各项指标（如二氧化氮、硫化氢、溶解氧、水色、透明度等），配合上述了解的情况，找出发病的原因。

（5）近期本地区的气候状况。鱼病的治疗效果与气候有很大的关系。因此，设计鱼病的防治方案要充分考虑当地、当时的气候条件。

（6）本养殖场的硬件设施。如增氧设施、换水条件、水源质量等。

（二）鱼体检查

鱼体的检查是鱼病诊断的最重要的手段。检查的方法是由表到里，先整体后局部，先目检后镜检。

1. 目检

一般来讲，病毒性鱼病是鳃盖、眼眶以及肌肉和肠道充血；细菌性鱼病是局部充血、发炎、脓肿、腐烂，鳍条基部充血，蛀鳍、竖鳞等症状；寄生虫性鱼病常见的症状是体表黏液过多、出血有点状或块状胞囊等症状，一些大型的寄生虫，肉眼即可识别出来。目检鱼体包括体表、鳃、内脏三个部分。

（1）体表：将病鱼置于白色解剖盘中，按顺序从头部、嘴、眼、鳃盖、鳞片等部位仔细观察。

（2）鳃：检查的重点是鳃丝，首先应注意鳃盖是否张开，鳃盖内表皮有没有腐烂变成透明，然后用剪刀剪去鳃盖，观察鳃丝的颜色是否正常，有无黏液，鳃丝末端是否肿胀或腐烂变白。

（3）内脏：以检查肠道为主。首先剪掉一侧的腹壁，观察有无腹水流出或肉眼可见的寄生虫；其次观察内脏的外观是否正常，然后剪断靠咽喉部位的前肠和靠肛门部位的后肠，取出内脏，把肝、胆等器官逐步分开，然后把肠道分为前、中、后三段，去掉肠道中粪便和食物，用剪刀剖开观察。

2. 镜检

镜检一般是根据目检时所确定下来的病变部位进行检查，从病灶部位取少量组织、黏液或血淋巴置于载玻片上，若是体表组织和鳃组织或体表黏液，用滴管加一滴清水；若是内脏组织需要滴加深 0.7% 的生理盐水，然后盖上玻片稍用力压平后，置于显微镜下观察对每个病灶部位，至少取三个不同点进行观察。

3. 在整个诊断过程中，应结合各种鱼病的流行季节，各阶段的发病规律进行比较分析，找出病因对症下药。

三、鱼类疾病的综合防治

（一）彻底清塘

消灭池底的病原菌和杂菌，通过生物清塘，彻底降解池底有机污染物，为成功养殖打下良好的基础。收完鱼后，清除池底的淤泥，经阳光暴晒至龟裂；放鱼种前 20~30 天，进水 10~2 厘米，用生石灰 100~200 千克/亩消毒；毒力消失后，用利生素、生物改底王或降硝净水宝进行池底生态修复。按说明书用量，使用时加少量红糖活化后泼洒，并适当翻动池底。

（二）合理的养殖密度

避免产生养殖池恶性的内源污染，设计养殖密度时，应充分考虑养殖硬件设备和养殖技术水平，切莫盲目跟风。

（三）选择优质的种苗

好苗生长快、均匀，发病率小；生长慢，发病率高。同时，放鱼种前，应对鱼种进行消毒，一般用3%～4%的食盐水浸泡10分钟。

（四）保持良好的水质和底质

养鱼先养水是众所周知的，由于鱼类是生活在水里，水质的好坏对鱼类养殖至关重要；而底质和水质是浑然一体的，往往水质恶化前首先是底质恶化。

（1）维护水质：①用浓度为1～1.5千克/（亩·米）的降氨调水王200倍稀释液全池泼洒，使水质嫩爽。②定期（10～15天）使用利生素、降硝净水王活化后泼洒，分解池塘的死藻、残料和粪便，净化水质，保持水质稳定；同时，有益菌分解有机污染物为藻类的营养，促进藻类的活力，提高池塘生产力。③适当添换新水，定期泼洒淡石灰水。④增氧机的合理使用，保持水体足够的溶解氧。

（2）维护池塘底质：①控制投喂量，保持每餐投喂到八成饱即可，较少有机物的投入。②定期（10～15天）用生物改底王2千克/亩干撒，分解池底沉积的有机污染物。③慎用消毒药和杀虫药，每次消毒和杀虫都会有大量的藻类死亡，沉积到池底恶化底质。

（五）投喂全价配合饲料

使用全价配合饲料，定期在饲料中添加双效维生素C、鱼用多维、强肝素、促长营养液、乳酸鱼康宝一类的营养添加剂和免疫增强剂，以丰富饲料的营养和提高鱼类的免疫力。

1. 免疫促长

促长营养液 0.4% + 双效维生素 C 0.2% 拌料投喂，可提高免疫力，促进生长，降低饲料系数。

2. 保肝排毒

强肝素 0.2% + 鱼用多维 0.2% 拌料投喂，可强肝利胆，有效预防肝胆综合征。

3. 开胃整场

乳酸鱼康宝 0.2% + 鱼用多维 0.2%，可保护肠胃，增强食欲，提高饲料利用率。

4. 消脂

消脂清热灵 0.3% + 鱼用多维 0.2% 拌料投喂，可预防脂肪沉积引起的大肚腩。

（六）解毒抗应激

当水体环境发生突变，水质、底质环境恶化时，泼洒降解灵 500 克/（亩·米）、塘水爽或双效维生素 C 250 克/（亩·米）+ 葡萄糖 1 千克/（亩·米），减少鱼类的应激。

（七）控制水体中病原菌的数量

在细菌病和病毒病流行季节，每 10 天泼洒 1 次生物噬菌皇 300 毫升/（亩·米），可控制大多数病原菌数量在安全阀值内，预防疾病发生。在水霉流行季节，定期泼洒霉立清，可有效预防水霉病的发生。定期用虫不粘泼洒，可预防绝大多数的寄生虫病的发生。

（八）切断传染源

做好厂区消毒和池塘隔离工作。

（九）适当使用防病药物

通过生态修复，提高鱼类体质，减少疾病发生。在病害流行季节，适当用低毒的消毒剂等对水体消毒，并用鱼用多维、强肝素、促长营养液等拌料投喂，可以预防疾病的发生。

（十）加强日常管理

精心管理，用心观察，严格把握养殖的每一格细节。

四、鱼类疾病防治原则

（一）排除应激

无论是传染病还是非传染病，都必定存在应激。所以，疾病治疗的第一步就是抗应激，常用双效维生素 C + 葡萄糖、降解灵 + 维生素 C 等抗应激药物全池泼洒，使鱼体安定。

（二）创造合适的环境（改良）

分析养殖环境的各个指标，找出异常的指标，用最快的方法恢复到正常值，但要考虑到其他指标和对鱼体的应激。

（三）增强营养

对于非传染病和较轻的传染病，应减少投饵量，在饲料中添加营养剂和免疫增强剂；对于严重的环境恶化和病毒病，应停止喂料 1 ~ 2 天，待病情缓解稳定方开始投料。

（四）增加充氧

很多病害不全是病原本身致死，而是缺氧引起的。病鱼经常晚上死亡多，就是因为晚上较白天缺氧严重。可见增加充氧让病鱼度过危险期，促进病鱼的恢复，是提高治疗效果的重要方面。

（五）对症治疗

面对疾病的发生，应认真分析养殖的水质和底质指标、病鱼的症状、投喂的饲料、用药情况、气候情况、病鱼的生理状况和近期周边的病害流行情况，通过辨证，确诊出病害的种类，发病的原因，然后对症治疗。切莫病急乱投药，耽误最佳的防治时间。

（六）使用刺激性小的药物

药物均有一定的刺激性，一般药物对健康鱼刺激不明显，但对病鱼均有较强的刺激，常造成加速死亡的现象。

五、几种常见鱼类疾病的治疗方式

（一）草鱼出血病

1. 病原

这种病的病原体是水生呼肠孤病毒，隶属呼肠孤病毒科，水生动物呼肠孤病毒属，直径 70～80 纳米，20 面体球形颗粒，含有 11 个片段的双链 RNA。不同地区存在不同的毒株。

2. 症状

病鱼各器官、组织有不同程度的充血、出血现象；体色暗黑，小的鱼种在阳光或灯光透视下，可见皮下肌肉充血、出血，病鱼的口腔上下颌、头顶部、眼眶周围、鳃盖、鳃及鳍条基部都充血，有时眼球突出，剥除鱼的皮肤，可见肌肉呈点状或块状充血、出血，严重时全身肌肉呈鲜红色，肠壁充血，但仍具韧性，肠内无食物，肠系膜及周围脂肪、鳔、胆囊、肝、脾、肾也有出血点或血丝。

上述症状并非全部同时出现，按其症状表现颌病理变化的差异，大致可分为三个类型，可同时出现，亦可交替出现。

（1）流行地区：1970 年首次发现，此后相继在湖北、湖南、广东、广西、江苏、浙江、安徽、福建、上海、四川等省、市、自治区各主要养鱼区流行。

（2）危害品种：草鱼、青鱼都可发病，但主要危害草鱼，从 2.5～15 厘米大小的草鱼都可发病，发病死亡率可高达 80% 以上，有时 2 足龄以上的大草鱼也患病。近年来由于各地忽视了免疫工作，草鱼病毒病的发病呈上升趋势。

（3）发病水温：水温在 20～33℃ 时发生流行，最适流行水温为 20～28℃。当水质恶化，水中溶解氧偏低，透明度低，水中总氮、有机氮、亚硝酸态氮和有机物耗氧率偏高，水温变化较大，鱼体抵抗力低下，病毒量多时易发生流行。水温 12℃ 及 34.5℃ 时也有发生。

（4）流行季节：6～9 月。

3. 防治方法

（1）注射或浸泡草鱼出血病组织浆灭活疫苗或细胞弱毒疫苗进行预防。

（2）发病季节全池泼洒二氧化氯、表面活性剂等消毒剂。

（3）全池施用大黄或黄芩抗病毒中草药，用量为 1～2.5 毫克/升水体。

（4）每亩水深 1 米，用金银花 75 克、菊花 75 克、大黄 375 克、黄檗 225 克研成细末，加食盐 150 克，混合后加适量水全池泼洒。

（5）每 100 千克鱼体重每天用水花生 8～10 千克、大蒜头和食盐各 500 克打成浆，拌入 3 千克米糠，连喂 5 天。

（6）每 100 千克鱼体重用水花生 10 千克，捣烂，拌食盐 500 克、大黄粉 1 千克、韭菜 2 千克或生大蒜 500 克，再拌米粉、麸皮或浮萍 10～20 千克做成药饵，连喂 7～10 天。

（二）小瓜虫病

1. 病原

小瓜虫为凹口科、小瓜虫属、多子小瓜虫。这是一类体型比较大的纤毛虫。它的形态在幼虫期和成虫期有很大的差别。小瓜虫的幼虫侵袭鱼的皮肤和鳃，尤以皮肤为普遍。当幼虫感染了寄主后，就钻进皮肤或鳃的上皮组织，把身体包在由寄主分泌的小胞囊内，在胞内生长发育，变为成虫。成虫冲破胞囊落入水中，自由游动一段时间后落在水体底部，静止下来，分泌一层胶质的胞囊。胞囊里的虫体分裂法繁殖，产生几百甚至成千的纤毛幼虫。幼虫出来，在水中自由游动，寻找寄主，这就是小瓜虫的感染期。幼虫感染了新寄主，又开始它的生活史。

2. 症状

小瓜虫病症状：病鱼体表和鳃瓣上布满白色点状的虫体和胞囊，肉眼可见，故又叫白点病。体表头部、躯干和鳍条处黏液明显增多，与虫体混在一起，似有一层薄膜，小瓜虫病有明显的发病季节，春、秋季南方初冬季均是流行季节。成熟的小瓜虫脱离鱼体后，身体分泌透明而又有弹性的胞囊，沉入水底或附着于水草及植物碎屑上，然后开始分裂。经 9～10 次分裂后，形成 300～1 000 个幼虫。幼虫在 15～20℃时，经 24 小时左右，脱离胞囊，在水中游泳，并侵袭宿主。故小瓜虫是以胞囊形式繁殖和传播子代的。养殖密度大、水质差的池塘容易发生。无宿主特异性，任何鱼类都可被侵袭、发病。

此病多在初冬、春末发生，尤其在缺乏光照、低温、缺乏活饵的情况下易流行，是危害最严重的疾病，苗种期间感染率极高，尤其在鱼种下池初期体质未恢复或因管理不当鱼体质较差时感染率极高。如环境条件适于此病，几天内可使鱼全死亡。

3. 防治方法

发病鱼塘，每亩水面每米水深，用辣椒粉210克、生姜干片100克，煎成25千克溶液，全池泼洒，每天一次，连泼2天。每立方米水体用亚甲基蓝2克化水全池泼洒，每隔3天泼洒一次，连泼3次。

（三）打印病

1. 病原

点状气单胞菌点状亚种（*A. Punctata subsp. punctata*），主要特性如下：革兰氏染色阴性短杆菌，大小为 $0.6 \sim 0.7 \times 0.7 \sim 1.7$ 微米、中轴直形，两侧弧形，两端圆形，多数两个相连，少数单个，有运动力。极端单鞭毛，无芽孢。琼脂平板上菌落圆形，直径1.5毫米左右，48小时增至 $3 \sim 4$ 毫米，微凸，表面光滑、湿润，边缘整齐，半透明、灰白色。适宜温度28℃左右，65℃半小时致死，pH值 $3 \sim 11$ 中均能生长。

2. 症状

病灶主要发生在背鳍和腹鳍以后的躯干部分，其次是腹部两侧，少数发生在鱼体前部，这与背鳍以后的躯干部分易于受伤有关。患病部位先是出现圆形、椭圆形的红斑，好似在鱼体表加盖红色印章，故叫打印病；随后病灶中间的鳞片脱落，坏死的表皮腐烂，露出白色真皮；病灶内周缘部位的鳞片埋入已坏死表皮内，外周缘鳞片疏松，皮肤充血发炎，形成鲜明的轮廓，随着病情的发展，病灶的直径逐渐扩大和深度加深，形成溃疡，严重时甚至露出骨骼或内脏，病鱼游动缓慢，食欲减退，终因衰竭而死。

根据病鱼特定部位出现的特殊病灶诊断，注意与疖疮病区别。鱼种及成鱼患打印病时通常仅一个病灶，其他部位的外表未见异常，鳞片不脱落。患病鱼的种类限于鲢、鳙、草鱼等。

3. 防治方法

注意池水洁净，避免寄生虫的侵袭，谨慎操作勿使鱼体受伤，均可减少此病发生。用下列药物和方法治疗都有满意的效果。

（1）外用药同细菌性烂鳃病的 1～5、8。

（2）注射金霉素，每千克鱼体重 5 000 单位。

（3）四环素软膏涂抹患处。

（四）细菌性烂鳃病

1. 病原

是由鱼害粘球菌引起的鱼病，菌体细长，粗细基本一致，两端钝圆。一般稍弯曲，有时弯成圆形、半圆形、"V"形、"Y"形。较短的菌体通常是直的。菌体长短很不一致，大多长 2～24 微米，个别长 37 微米，宽 0.8 微米。菌体无鞭毛，通常作滑行运动或摇晃颤动。

2. 症状

病鱼鳃丝腐烂带有污泥，鳃盖骨的内表皮往往充血，中间部分的表皮常腐蚀成一个圆形不规则的透明小窗（俗称开天窗）。在显微镜下观察，草鱼鳃瓣感染了粘细菌以后，引起的组织病变不是发炎和充血，而是病变区域的细胞组织呈现不同程度的腐烂、溃烂和"侵蚀性"出血。另外有人观察到鳃组织病理变化经过炎性水肿、细胞增生和坏死三个过程，并且分为慢性和急性两个类型。慢性型以增生为主，急性型由于病程短，炎性水肿迅速转入坏死，增生不严重或几乎不出现。

细菌性烂鳃病主要危害当年草鱼种，每年的7～9月为流行盛期。1～2龄草鱼发病多在4～5月。

3. 防治方法

第一种

（1）用生石灰彻底清塘消毒。

（2）用漂白粉在食场挂篓。在草架的每边挂密篓3～6只，将竹篓口露出水面约3厘米，篓装入100克漂白粉。第2天换药以前，将篓内的漂白粉渣洗净。连续挂3天。

（3）每100千克鱼，每天用鱼复康a型，拌饲料投喂，一天1次，连喂3～6天。

第二种

（1）用二氧化氯全塘消毒，200～250克/（亩·米）。

（2）混饲鱼每千克体重拌饵投喂10～15毫克氟苯尼考（按5%投饵量计，每千克饲料用氟苯尼考0.2～0.3克），一日1次，连用3～5日。

职业能力测试

1. 引起鱼类疾病的因素有哪些？
2. 简述鱼病诊断的流程和方法。
3. 论述预防鱼类疾病的方法。
4. 如何保证养殖池良好的水质和底质？
5. 草鱼出血病该如何治理？

参考文献

[1]白遗胜.概论名优鱼类的养殖问题——兼论池塘养鱼系统工程[J].淡水渔业,1998,28(3):45-47.

[2]蔡智鸣,朱振伟,岑坚,等.新型DOM(地欧酮)提高鱼类早期催产的效果[J].淡水渔业,2001,31(6):13-13.

[3]曹经晔,白遗胜,刘寒文,等.池塘养殖水体改良与调控技术的新进展[J].淡水渔业,2007,37(5):76-78.

[4]岑玉吉.我国水产饲料业的现状与发展动态[J].淡水渔业,1999,29(2):37-40.

[5]程保林,叶雄平.几种孵化设备孵化鲤鱼的效果比较[J].淡水渔业,2005,35(6):54-54.

[6]丁瑞华.四川鱼类志[M].成都:四川科学技术出版社,1994.

[7]高德培,應宝红,李祖权,等.亲鱼培育和鲢鱼、鲂鱼催情初步试验[J].新疆农业科学,1965(10).

[8]韩杰,孟军.提高活鱼运输成活率的技术要点[J].渔业现代化,2006(1):49-49.

[9]李家乐.池塘养鱼学[M].北京:中国农业出版社,2011.

[10]李宁求,付小哲,石存斌,等.大宗淡水鱼类病害防控技术现状及前景展望[J].动物医学进展,2011,32(4):113-117.

[11]李水清,林增英,张宝瑜.关于鱼塘消毒的几个问题[J].中国消毒学杂志,1985(2).

[12]林浩然.鱼类促性腺激素分泌的调节机理和高效新型鱼类催产剂[J].生命科学,1991(1):24-25.

[13]刘国才,刘振奇,包文仲,等.鱼类越冬池细菌的初步研究[J].淡水渔业,1990(5):26-27.

[14]罗银辉,张义云.长吻鮠鱼苗、鱼种培育技术的研究[J].淡水渔业,1987(5):11-15.

[15]邱并生.草鱼出血病[J].微生物学通报,2011,38(6):964-964.

[16]任洁.MS—222在活鱼运输中的应用研究[J].淡水渔业,1993(6):29-32.

[17]司秀芳.水产消毒剂在养殖生产中的应用及发展趋势[J].渔业致富指南,2009(7):52-53.

[18]宋武林.标准化池塘建设改造技术要点[J].福建农业科技,2011(2):108-110.

[19]唐玉华.池塘鲫鱼健康养殖技术[J].水产养殖,2015(6):43-45.

[20]万.成鱼塘的早春管理[J].水生态学杂志,2006(1):49-49.

[21]王平权.我国池塘养鱼基地系统的总体设计[J].渔业现代化,1990(3).

[22]王玮,陆庆刚,顾海涛,等.微孔曝气增氧机的增氧能力试验[J].水产学报,2010,34(1):97-100.

[23]王武.鱼类增养殖学,水产养殖专业用[M].北京:中国农业出版社,2000.

[24]王武.鱼料投饵机的安装使用[J].中国饲料添加剂,2015(10):11-11.

[25]王志勇,谌志新,江涛,等.标准化池塘养殖自动投饵系统设计[J].农业机械学报,2010,41(8):77-80.

[26]魏泰莉,聂湘平.池塘水质改良剂的应用[J].中国水产,2001(8):42-43.

[27]文华,高文,罗莉,等.草鱼幼鱼的饲料苏氨酸需要量[J].中国水产科学,2009,16(2):238-247.

[28]吴伟,余晓丽,李咏梅.不同种属的微生物对养殖水体中有机物质的生物降解[J].广东海洋大学学报,2001,21(3):67-70.

[29]辛学. 池塘养鱼看色辨质施改良[J]. 中国水产,2009(2):39-39.

[30]杨京梅,夏文水. 大宗淡水鱼类原料特性比较分析[J]. 食品科学,2012,
    33(7):51-54.

[31]叶奕佐. 鱼类越冬的死亡原因及其安全措施[J]. 动物学杂志,1960(5):
    25-29.

[32]叶元土,林仕梅,罗莉. 草鱼对27种饲料原料中氨基酸的表观消化率
    [J]. 中国水产科学,2003,10(1):60-64.

[33]郁蔚文. 日本的活鱼运输装备技术[J]. 中国水产,2006,372(11):
    70-72.

[34]甄建设. 一种鱼卵孵化装置[J]. 发育生物学,2002.

[35]郑宗林. 水产饲料中添加维生素应该注意的问题[J]. 渔业现代化,2001
    (4):12-13.

[36]朱松明. 叶轮式增氧机的研究[J]. 农业工程学报,1993,9(1):
    105-110.

彩图5-1　鲤鱼脑垂体

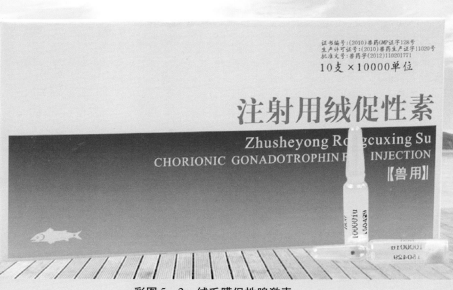

彩图5-2　绒毛膜促性腺激素

兽药GMP检收改通过企业
(2010)鲁药GMP证字238号

兽用处方药
鲁药字(2011)110252087

注射用促黄体素释放激素A₂
Luteinizing Hormone Releasing Hormone A₂ for Injection
【主要成分】促黄体素释放激素A₂（LHRH-A₂）

50μg ×10支

【贮藏】遮光，密闭，在凉暗处保存

彩图5-3　促黄体释放激素类似物

彩图5-4　利血平

彩图5-5　地欧酮